HIRTS STICHWORTBÜCHER

KARTEN-INTERPRETATION IN STICHWORTEN

Teil I

Geographische Interpretation
topographischer Karten

von
Armin Hüttermann

3., überarbeitete und erweiterte Auflage

FERDINAND HIRT
in der Gebrüder Borntraeger Verlagsbuchhandlung
BERLIN · STUTTGART · 1993

Über den Verfasser

Dr. ARMIN HÜTTERMANN, geb. 1944; Studium in Göttingen und Tübingen; 1971–74 Wissenschaftlicher Assistent am Geographischen Institut der Universität Tübingen, 1975–80 am Geographischen Seminar der Universität Osnabrück/Abt. Vechta; seit 1980 Professor für Geographie an der PH Ludwigsburg. Schriftleiter der Zeitschrift „Geographie und Schule". Koordinierender Herausgeber der Zeitschrift „Geographie Aktuell". Leiter des Arbeitskreises „Kartennutzung" der DGfK.

Weitere Veröffentlichungen: Untersuchungen zur Industriegeographie Neuseelands, Tübingen 1974. Industrieparks in Irland, Wiesbaden 1978. Die topographische Karte als geographisches Arbeitsmittel, Stuttgart 1978/2. Auflage 1981. Karteninterpretation in Stichworten, Teil II, Kiel 1979. Standortprobleme der Gegenwart: Grundlagen und Auswirkungen der Aluminiumgewinnung, Paderborn 1979. Probleme der Kartenauswertung (Hrsg.), Darmstadt 1980. Industrieparks – Attraktive industrielle Standortgemeinschaften, Stuttgart 1985. Kartographie in Stichworten (mit H. Wilhelmy u. P. Schröder), Unterägeri 1990. Neuseeland, Kunst- und Reiseführer mit Landeskunde, Stuttgart 1991. Neuseeland, Aktuelle Länderkunde, München 1992. Irland, Kunst- und Reiseführer mit Landeskunde, Stuttgart 1993. – Aufsätze in Fachzeitschriften.

Die Deutsche Bibliothek – CIP-Einheitsaufnahme

Hüttermann, Armin:
Karteninterpretation in Stichworten / von Armin Hüttermann.
Teil 1. Geographische Interpretation topographischer Karten. –
3., überarb. und erw. Aufl. – 1993
– Berlin ; Stuttgart : Hirt in der Gebr.-Borntraeger-Verl.-
Buchh.
  (Hirts Stichwortbücher)
  ISBN 3-443-03104-8

3., überarbeitete u. erweiterte Auflage 1993
© by Gebrüder Borntraeger, D-1000 Berlin · D-7000 Stuttgart
Printed in Germany
ISBN 3-443-03104-8

Redaktion: S. Hirt-Reger/VERLAG FERDINAND HIRT
Kartographie: H. Neide, H. Slawik
Herstellung: TUTTE Druckerei GmbH, Salzweg

Vorwort zur 1. Auflage

Die Notwendigkeit einer kurzgefaßten Anleitung zur Karteninterpretation wurde mir verschiedentlich während meiner 1971–1974 abgehaltenen Übungen zur Karteninterpretation an der Universität Tübingen deutlich. In diesen Übungen wurden, z. T. in studentischen Gruppen- und Einzelarbeiten, bereits wesentliche Teile der vorliegenden Arbeit konzipiert. So steht auch die Interpretation topographischer Karten als Bestandteil der Ausbildung von Geographiestudenten und Schülern im Mittelpunkt dieser ,,Karteninterpretation in Stichworten".

Von den zahlreichen Studenten, die zur Entstehung dieses Buches beigetragen haben, können hier nur stellvertretend E. Birth, J. Bock, E. Demisch, D. Ehmann, H. Graser, J. Hestler, J. Jennrich, G. Mergner und B. Schwab genannt werden. Dem Gespräch mit meinen Kollegen Dr. W. Brücher und Dr. G. Schweizer verdanke ich viele Anregungen. Nicht zuletzt war der ständige Kontakt mit Prof. Dr. H. Wilhelmy dem Fortgang der Arbeit sehr förderlich.

Die Behandlung eines so umfangreichen Stoffes bedarf einer ständigen Überprüfung. Für Verbesserungsvorschläge wäre ich daher jederzeit dankbar.

Tübingen, im Mai 1975   ARMIN HÜTTERMANN

Vorwort zur 2. Auflage

Die positive Aufnahme des vorliegenden Buches ermutigte zu einer 2. Auflage. Bei der Überarbeitung konnte ich auf zahlreiche Anregungen aus Rezensionen und persönlichen Gesprächen mit Studenten und Lehrenden zurückgreifen; erwähnt seien hier vor allem die Hinweise von Herrn Prof. Dr. F. Tichy/Erlangen, die italienische Karten betrafen, sowie die von Herrn Priv. Doz. Dr. Ch. Hannss und Herrn H. Höppner. Für alle Veränderungsvorschläge sei an dieser Stelle besonders gedankt.

Die für die Neuauflage vorgenommenen Korrekturen beziehen sich vor allem auf die Kapitel 1.2, 1.5, 2.1.1 und auf den Anhang. Im Hauptteil wurde an einzelnen Stellen versucht, die Verständlichkeit von Texten und Abbildungen zu verbessern. Das grundlegende Konzept blieb unverändert, da gerade dies sich als für die Praxis brauchbar erwiesen hat.

Ich würde mißverstanden, wenn durch dieses Buch jene ,,rituallähnliche Übung, bei der es darum geht, allein aus einer topographischen Karte unter Verzicht auf vorhandene andere Instrumente Erkenntnisse über geographische Zusammenhänge und Strukturen eines Raumes zu gewinnen" (Nolzen) als die ,,hohe Kunst" der Karteninterpretation propagiert oder gefordert würde. Nicht zuletzt aus dem Wissen um die Notwendigkeit der Ergänzung verschiedenster geographischer Arbeitsmittel entstand z. B. der 2. Teil, die Interpretation thematischer Karten. Einsatzmöglichkeiten, didaktische und methodische Reflexion sowie Beispiele (für die TK 25 Duisburg) der Interpretation topographischer Karten habe ich an anderer Stelle ausführlicher dargelegt. Für zahlreiche Möglichkeiten der mehr quantitativen Auswertung räumlich dargestellter Informationen sei der Leser auf Teil II der Karteninterpretation hingewiesen.

Vechta, im Mai 1980   ARMIN HÜTTERMANN

Vorwort zur 3. Auflage

Das Konzept der *Karteninterpretation in Stichworten* hat sich – gerade auch in der Praxis – bewährt. Ergänzungen und Korrekturen betreffen die Berücksichtigung neuerer Literatur zum Thema, Entwicklungen in der Kartographie sowie vor allem die konkreten Hilfen zur Interpretationsmethodik und zur Darstellung der Interpretationsergebnisse.

Gerade die methodischen Aspekte der Arbeitstechnik „Kartennutzung" sollen helfen, Möglichkeiten des Zugangs zum umfassenden „Datenspeicher" Karte aufzuzeigen. Die Fähigkeit zum Umgang mit Karten kann nicht mehr in gleichem Maße als selbstverständlich für Geographiestudenten und Schüler angesehen werden wie früher, als Karten schlechthin die Arbeitsgrundlagen der Geographen bildeten. Da der Wert der Kartennutzung dadurch aber nicht geringer geworden ist, geht es heute oft darum, zunächst einmal den Zugang zur Karte und ihren zahlreichen raumbezogenen Informationen vorzubereiten sowie Wege aufzuzeigen, an diese Informationen heranzukommen und die Ergebnisse der Karteninterpretation in vereinfachter Form anschaulich darzustellen.

Der Verlag hat sich dankenswerterweise bereit erklärt, dem ursprünglichen Umfang weitere 24 Seiten hinzuzufügen, um diesen Entwicklungen Rechnung zu tragen.

Marbach, November 1992   ARMIN HÜTTERMANN

Inhaltsverzeichnis

Vorwort 5
Verzeichnis der Abbildungen 11
Verzeichnis der Quellen und Genehmigungen 12

1 Karteninterpretation als geographische Methode zur Datenerhebung und Beobachtung 13

1.1 Aufgabe der Karteninterpretation 13
1.1.1 Definition 13
1.1.2 Kartenanalyse und Interpretation 13
1.1.3 Gefahren der Karteninterpretation 14
1.1.4 Grenzen der Karteninterpretation 14

1.2 Die Karte als Informationsträger für die Geographie 15
1.2.1 Topographische Karte und geographische Interpretation . . 15
1.2.2 Primäre und sekundäre Informationen 15
1.2.3 Kartenwerke 16
1.2.4 Maßstab 19
1.2.5 Kartenausschnitt 20

1.3 Der Interpret 21
1.4 Anwendung der geographischen Karteninterpretation 21
1.5 Literatur zur Karteninterpretation 23

2 Voraussetzungen zur geographischen Analyse topographischer Karten 27

2.1 Orientierung 27
2.1.1 Einordnen der Karte 27
2.1.2 Orientierung auf der Karte 29

2.2 Kartenlesen 30
2.2.1 Definition 30
2.2.2 Legende 31
2.2.3 Schrift 32
2.2.4 Zahlenangaben 32
2.2.5 Höhenlinien 33
2.2.6 Messungen 34

2.3 Analyse der Einzelelemente und Formengruppen 35
2.3.1 Elementanalyse 35
2.3.2 Verbreitung einzelner Elemente 35
2.3.3 Komplexanalyse 36
2.3.4 Singularitäten 36

2.4 Raumgliederung 37
   2.4.1 Grenzgürtelmethode 37
   2.4.2 Andere Methoden 38
   2.4.3 Problematik der Raumgliederung 39

3 Analyse und Interpretation von Inhaltselementen der Karte 40

3.1 Einführung: Methodische Hilfen und Arbeitsschritte 40

3.2 Oberflächenformen 44
   3.2.1 Vorbemerkung 44
   3.2.2 Talformen 44
   3.2.3 Ebenheiten 52
   3.2.4 Glazialer Formenschatz 55
      3.2.4.1 Hochgebirge 55
      3.2.4.2 Tiefland 57
   3.2.5 Karst 59
   3.2.6 Vulkanischer Formenschatz 60
   3.2.7 Küsten 60

3.3 Gesteinsuntergrund und Böden 66
   3.3.1 Vorbemerkung 66
   3.3.2 Gesteinslagerung 66
   3.3.3 Tektonik 66
   3.3.4 Gesteinsart 67
   3.3.5 Lagerstätten 69
   3.3.6 Böden 70

3.4 Gewässer 71
   3.4.1 Vorbemerkung 71
   3.4.2 Gewässerarten 72
   3.4.3 Wasserscheiden 77
   3.4.4 Wassernutzung 78

3.5 Vegetation 80
   3.5.1 Vorbemerkung 80
   3.5.2 Pflanzenformationen 80
   3.5.3 Verbreitung und Abhängigkeiten 82
   3.5.4 Vertikale Zonierung 84

3.6 Klima 85
   3.6.1 Vorbemerkung 85
   3.6.2 Klimaindikatoren 85
   3.6.3 Klima und Lage 85
   3.6.4 Cs-Klima 86

3.7 Bevölkerung 87
   3.7.1 Vorbemerkung 87
   3.7.2 Einwohnerzahl 87

    3.7.3 Soziale Gruppierung 89
    3.7.4 Sprache, Religion, Erbrecht 90
    3.7.5 Politische Grenzen 90
    3.7.6 Bevölkerungswanderungen 90
3.8 Siedlungen 91
    3.8.1 Vorbemerkung 91
    3.8.2 Lage und Verteilung 91
    3.8.3 Genese 93
    3.8.4 Landgemeinden, nichtstädtische Siedlungen 98
    3.8.5 Städtische Siedlungen 104
3.9 Wirtschaft 114
    3.9.1 Vorbemerkung 114
    3.9.2 Landwirtschaft 115
    3.9.3 Forstwirtschaft 116
    3.9.4 Fischerei 117
    3.9.5 Gewerbe und Handel 118
    3.9.6 Bergbau 118
    3.9.7 Industrie 119
    3.9.8 Energiewirtschaft 120
    3.9.9 Naherholung und Fremdenverkehr 120
3.10 Verkehr 121
    3.10.1 Vorbemerkung 121
    3.10.2 Straßenverkehr 122
    3.10.3 Eisenbahnverkehr 122
    3.10.4 Luftverkehr 124
    3.10.5 Schiffahrt 124

4 Methoden der Darstellung der Interpretationsergebnisse 125
4.1 Vorbemerkung: Problem der Stoffanordnung 125
4.2 Aufgliederung des Kartenblattes 126
    4.2.1 Erster Weg 126
    4.2.2 Zweiter Weg 126
4.3 Länderkundliche Methoden 127
    4.3.1 „Länderkundliches Schema" 127
    4.3.2 „Dynamische Länderkunde" 128
    4.3.3 Formenwandel 128
    4.3.4 Andere Methoden 129
4.4 Vorschläge zur Gliederung einer schriftlichen geographischen
Karteninterpretation
    4.4.1 Hauptpunkte der Interpretation 131
    4.4.2 Hauptteil 132

5 Hilfsmittel bei der Darstellung der Interpretationsergebnisse . . . 133

5.1 Einführung 133
5.2 Handskizze 133
5.3 Profil 135

    5.3.1 Querprofil 135
    5.3.2 Längsprofil 137
    5.3.3 Kausalprofil (synoptisches Diagramm mit Profil) 139

5.4 Interpretationsskizze 140
5.5 Blockdiagramm 144

6 Sprachliche Erläuterungen 146

6.1 Übersetzung fremdsprachiger Legenden und häufig vorkommender Schriftzusätze auf den Karten 146

    6.1.1 Carte de France, 1:50 000 und 1:100 000 146

        6.1.1.1 Legende 146
        6.1.1.2 Häufig vorkommende Schriftzusätze und Abkürzungen . . . 149

    6.1.2 Ordnance Survey of Great Britain, One inch to one mile map (1:63 360) 151

        6.1.2.1 Legende 151
        6.1.2.2 Häufig vorkommende Schriftzusätze und Abkürzungen . . . 154

    6.1.3 Carta d'Italia, 1:50 000 und 1:100 000 156

        6.1.3.1 Legende 156
        6.1.3.2 Abkürzungen nach der Legende verschiedener Karten 1:50 000 159

6.2 Endungen und Schichten von Ortsnamen 162

    6.2.1 Vorbemerkung 162
    6.2.2 Deutschland 162
    6.2.3 Frankreich 162
    6.2.4 Italien 163
    6.2.5 England 163
    6.2.6 Dänemark 163

7 Literatur 164

Sachregister 173

Hinweise zum Kartenanhang 176

Kartenanhang 177

Verzeichnis der Abbildungen

1	Blatteinteilung topographischer Karten	27
2	Hoch- und Rechtswerte im Gitternetz	30
3	Neigungsmaßstab für ZK 50	34
4	Frageraster zur Auswertung von Karten	41
5	Arbeitsgang der Kartendurchmusterung	42
6	Erarbeitung einer Karteninterpretation	43
7	Muldental	46
8	Kerbtal	46
9	Kastental	46
10	Talasymmetrie	46
11	Umlaufberg	48
12	Durchbruchsberg	48
13	Altwässer des Rheins	49
14	Tektonische Leitlinien im Talnetz	50
15	Talanzapfung und geköpftes Tal	50
16	Rumpffläche und Schichtstufe im Profil und Isohypsenbild	54
17	Flußmarsch der Elbe	62
18	Geest, Marsch, Randmoor	63
19	Isohypsenknitterung	67
20	Flußverwilderung	73
21	Flußregulierung	74
22	Federsee: Verlandung	75
23	Quellhorizont in ca. 520 m	77
24	Okerstausee	79
25	Hochmoor im Harz	81
26	Schriftmuster	88
27	Trennung von Wirtschaftsflächen und Wohnplätzen	92
28	Landschaftsveränderungen	97/98
29	Streusiedlung	100
30	Haufendorf	100
31	Straßendorf	100
32	Waldhufendorf	101
33	Angerdorf	101
34	Aussiedlerhöfe	101
35	Bauerngemeinde Zimmern mit Wirtschaftsfläche	103
36	Fischerdorf	104
37	Genetische Differenzierung aus dem Grundrißbild	106
38	Altstadt und City Duisburg	107
39	Landesherrliche Gründung Mannheim	110
40	Zwergstädte Rosenfeld und Binsdorf	113
41	Forstwirtschaft im Staatsforst Lampertheim bei Mannheim	117
42	Personenverkehr und Güterverkehr	123
43	Eingezäunter Militärflughafen mit Kasernengebäuden	123
44	Darstellung der Interpretationsergebnisse	125
45	Handskizze zur funktionalen Gliederung des Raumes Stuttgart-Süd	134
46	Profilkonstruktion nach IMHOF (1968), S. 189	136
47	Längsprofil eines Hängetales	137
48	Synoptisches Diagramm/Kausalprofil	138/139
49	Interpretationsskizze zu Blatt, 4506 Duisburg	143
50	Schematisches Blockbild zu Blatt L 7718 Balingen	145

Kartenausschnitte im Anhang

1 Rumpfflächen auf Zwischentalriedeln 177
2 Schichtstufenlandschaft mit Zeugenberg und Talanzapfung 178
3 Talgletscher mit Moränenmaterial 179
4 Trabantenstadt 180
5 Gehobenes Wohnviertel im Naherholungsbereich 180
6 Industriearbeiterwohnviertel neben Hüttenwerk 181
7 Zechensiedlung (Kolonie) 181
8 Almwirtschaft im Lötschental 182
9 Fremdenverkehr 183
10 Industrieansiedlungen an der Rheinfront 184

Quellenverzeichnis und Genehmigungen

In diesem Verzeichnis nicht aufgeführte Abbildungen wurden nach Entwürfen des Autors angefertigt oder dem Hirt-Archiv entnommen.
Abb. 2, 3, 26 u. 37 – aus Musterblatt TK 50, hrsgg. vom Landesvermessungsamt Baden-Württemberg; Abb. 28 a, b, c – aus *Geographie und Schule*, Heft 66, 1990; Abb. 38 – Ausschnitt aus der Topographischen Karte 1 : 25 000, vervielfältigt mit Genehmigung des Landesvermessungsamtes Nordrhein-Westfalen vom 13.1.1993, Nr. 16/93; Abb. 38 – aus Schroeder-Lanz, H.: *Deutsche Landschaften* (Hrsg. Institut für Landeskunde); Abb. 50 – nach einer Vorlage aus *Exkursionsführer zum Kartographentag 1992 in Stuttgart*.

Die Wiedergabe der Kartenausschnitte (KA) im Anhang erfolgte mit freundlicher Genehmigung folgender Institutionen: Landesvermessungsamt Baden-Württemberg (KA 2) – Niedersächsisches Landesvermessungsamt, Hannover (KA 1, Genehm.-Nr. B-IV-256/75 v. 23.9.1975) – Landesvermessungsamt Nordrhein-Westfalen, Bad Godesberg (KA 5, 6, 7, 10, Genehm.-Nr. 4305 v. 10.9.1975) – Landesvermessungsamt Schleswig-Holstein (KA 4) – Bundesamt für Eich- und Vermessungswesen, Wien/Österreich (KA 9, Genehm.-Nr. glz. 62539/75) – Eidgenössische Landestopographie, Wabern/Schweiz (KA 3, 8, Genehmigung v. 11.9.1975).

1 Karteninterpretation als geographische Methode zur Datenerhebung und Beobachtung

1.1 Aufgabe der Karteninterpretation

1.1.1 Definition

Karteninterpretation ist geographische Interpretation (Auslegung) von Inhaltselementen der Karte und ihrer Beziehungen untereinander, darüberhinaus vor allem ihres Zusammenwirkens in räumlichen Einheiten (Formengesellschaften, Landschaften, Regionen, Naturräume, Kulturräume etc.).

Insofern ist Karteninterpretation nur eine von vielen möglichen Beobachtungs- und Datenerhebungsmethoden der Geographie, die sich aber durch großflächige Abdeckung des Untersuchungsgebietes durch Informationsträger Karte auszeichnet.

Alle Zweige der Geographie kommen in Karteninterpretation zur Anwendung, vor allem aber die der systematischen *Allgemeinen Geographie*. Nur so ist exakte Analyse, Beschreibung und Deutung der einzelnen Geofaktoren möglich. Verbreitung einzelner Elemente und ihrer Beziehungen untereinander führt zur Interpretation der Wechselwirkungen innerhalb einer Integration zu räumlichen Systemen. Ziel ist Beschreibung und Erklärung des räumlichen Gefüges sowie der räumlichen Differenzierung mit Hilfe der Einzelelemente und ihrer Beziehungen untereinander. Damit gewinnt, neben der Allgemeinen Geographie, die systematische *Regionale Geographie* an Bedeutung. Sie gibt methodischen und theoretischen Hintergrund für die Interpretation räumlicher Einheiten.

Interpretation von Einzelelementen allein noch keine vollständige Karteninterpretation. Beziehungen der Geofaktoren untereinander müssen aufgedeckt werden, Integration der Geofaktoren zu Formengruppen und räumlichen Einheiten. Elementanalyse muß durch Komplexanalyse ergänzt werden. Häufiger *Fehler* bei schriftlicher Karteninterpretation: sinnlose Aneinanderreihung richtig erkannter und interpretierter Einzelelemente.

1.1.2 Kartenanalyse und Interpretation

Bei der Arbeitsweise der Karteninterpretation zwei Schritte zu unterscheiden: Analyse und Darstellung der Ergebnisse (Synthese). Karteninhalt wird analysiert und anschließend wieder zusammengesetzt.

Analyse = Auseinanderpflücken des Karteninhalts unter geographischen Gesichtspunkten. Einzelelemente müssen erkannt, exakt beschrieben und erklärt, Verbreitung und Häufigkeit erfaßt werden. Schon hier Aufdeckung der Beziehungen der Elemente untereinander, evtl. auch Erkennen von räumlichen Einheiten. Wichtige Voraussetzung sind Kenntnisse aus der Allgemeinen Geographie sowie Verständnis dafür, was auf der Karte geographisch relevant ist.

Synthese = Zusammensetzen der bei der Analyse auseinandergepflückten Informationen unter geographischer Systembildung. Terminologieverständnis und -gebrauch der Allgemeinen Geographie notwendige Voraussetzung für korrekte Abbildung der in der Analyse erkannten Tatsachen und Beziehungen. Darüber hinaus methodisch-theoretisches Konzept von Geographie notwendig für das Umsetzen der chorographischen Karte in chronologische Beschreibung. Nebeneinander muß in Nacheinander aufgelöst werden. Interpret muß verschiedene Möglichkeiten der länderkundlichen Darstellungsweisen beherrschen. Weiteres *Problem*: Zusammensetzung der Einzelelemente zu räumlichen Einheiten, Komplexen (→ 2.3, 2.4). Je nach Kartenausschnitt ist Karte Abbildung verschiedener räumlicher Komplexe und Regionen. Diese müssen erkannt und durch Belegen von Informationen aus der Karte interpretiert werden.

In schriftlichen Ausarbeitungen häufiger *Fehler*: sowohl Analyse als auch Synthese werden festgehalten. Einer Aufzählung von durch die Interpretation erkannten Einzelphänomenen folgt eine sogenannte Synthese, in der diese in wenigen Sätzen zu räumlichen Komplexen zusammengefaßt werden. Bei Niederschrift ähnlich wie bei herkömmlichen Länderkunden dieser allein erkenntnishistorisch interessante Weg unwichtig: Darstellungsmethoden müssen sogleich den geographischen Problemen gerade dieser Karte angepaßt werden. Manche Karten können nach sog. Länderkundlichem Schema abgehandelt werden, andere nach einer dynamischen Methode, wieder andere nach ganz anderen Gesichtspunkten. Gliederung der schriftlichen Darstellung ist ein wichtiges Problem der Karteninterpretation, Bestandteil der Synthese (vgl. Kap. 4).

Methodischer Weg von Analyse zu Interpretation über Kartenlesen, Beschreibung und Benennung zur Deutung (→3.1).

1.1.3 Gefahren der Karteninterpretation

Möglichkeit des Rückfalls in landschaftsphysiognomischen Ansatz mit mehr oder weniger stark ausgeprägtem Determinismus. Gefahr, über das Substrat der Landschaft allein zu einer Aussage über das „Wesen" der Landschaft kommen zu wollen.

Wichtig: Physiognomischer Ansatz ebenso wie Karteninterpretation nur *eine* Möglichkeit der Datenerhebung und Beobachtung in der Geographie. Unbewaffnetes Auge im Gelände nicht einziges Hilfsmittel der Geographie.

Wenn keine weiteren Hilfsmittel zur Karteninterpretation vorliegen: mehrere Möglichkeiten anbieten, jeweils Belege anführen und Wege aufzeigen, wie man die Frage klären kann. Dabei helfen auch die bei der physiognomischen Landschaftsanalyse üblichen Analogieschlüsse, die oft weit über das direkt Erkennbare hinausgehen.

1.1.4 Grenzen der Karteninterpretation

Begrenzungen: in Karte, durch Interpret und Darstellung der Ergebnisse. *Karte* hat nur eine beschränkte Zahl von Informationen in einem willkürlichen Ausschnitt, *Interpret* ist in seinem Wert für die geographische Karteninterpretation abhängig von seinen Kenntnissen und Fähigkeiten in der Allgemeinen Geographie und der systematischen Regionalen Geographie. Je nach Art des gewählten *Darstellungs*mittels für die Interpretation ergeben sich dort Grenzen der Darstellungsmöglichkeit. Zur Karte → 1.2, zum Interpreten → 1.3, zur Darstellung → 4.

1.2 Die Karte als Informationsträger für die Geographie

1.2.1 Topographische Karte und geographische Interpretation

Topographische Karte ist **verebnetes, maßstabgebundenes, generalisiertes und inhaltlich begrenztes Modell räumlicher Informationen** (WILHELMY/HÜTTERMANN/SCHRÖDER). Damit Gegensatz zur Wirklichkeit. Auswahl der Informationen der Karte nicht mit Zielrichtung geographische Karteninterpretation getroffen. Geodäten und Kartographen mehr an Zustandekommen von Karten beteiligt als Geographen. In Karte bereits subjektiv beeinflußte Auslegung des Topographen und generalisierende Darstellung des Kartographen. Daher manche Informationen der Karte relativ unwichtig für den Geographen, der wiederum für seine Interpretation topographischer Karten meist mehr spezifische Informationen gebrauchen könnte. Vgl. Informationswert verschiedener Kartenwerke (→ 1.2.3). Für weiterführende und spezielle Fragestellungen andere Hilfsmittel hinzuzuziehen: **thematische Karten** (→ Band II), Luftbilder, Literatur, Statistiken o. ä.

Wichtig: Karte gibt Zustand zur Zeit der Aufnahme bzw. der letzten Berichtigung wieder (vgl. Angaben am Kartenrand).

1.2.2 Primäre und sekundäre Informationen

Karte enthält primäre und sekundäre Informationen (HAKE). Primäre Informationen sind Angaben der inneren Objektmerkmale durch qualitative und quantitative Daten sowie Angaben der äußeren räumlichen Bezogenheit zu anderen Objekten. Sekundäre Informationen nur durch Verarbeitung primärer Informationen bei der Karteninterpretation zu gewinnen. Sie bleiben in der Kartengestaltung unberücksichtigt und sind nahezu unbegrenzt. Alle abgebildeten Informationen sind primäre Informationen, alle aus der geographischen Interpretation der primären Informationen gewonnenen Erkenntnisse sind sekundäre Informationen. Interpretation kann nicht mehr primäre Informationen als Karte haben. Interpretationsleistung: Aufdecken von sekundären Informationen.

Beispiel: Gerader Verlauf des Oberrheins, Uferdämme, daneben Altwasserarme auf Karte eingezeichnet = *primäre Informationen* der Karte. Daraus zu schließen: Rheinregulierung, damit verbundene Problematik (Grundwasser, Laufgeschwindigkeit etc.) = *sekundäre Informationen*. Für Karteninterpretation aber unwichtig: Regulierung 1817–1876 nach Plänen des Oberst Tulla vorgenommen = weder primäre noch sekundäre Informationen.

Primäre Informationen sind eindeutig aus der Karte zu entnehmen, sekundäre oft nicht. Karte auch in manchen primären Informationen zu wenig aussagekräftig. Hilfe: Analogieschlüsse bzw. Kenntnisse der systematischen Allgemeinen Geographie. Interpretationsmöglichkeiten (sekundäre Informationen) mit anderen Hilfsmitteln (s. o.) der Geographie überprüfen. Problem für Karteninterpretation ohne Hilfsmittel: können sekundäre Informationen, die nicht aus der Karte zu entnehmen sind, aufgrund von Vorwissen in Interpretation einfließen (→ 1.3: Landeskundliches Wissen)?

Problem: primäre Informationen der Karte unterschiedlich häufig in verschiedenen Teilbereichen der Allgemeinen Geographie. Meist physischgeographische Geofaktoren, vor allem Oberflächenformen, am stärksten vertreten. Ungleichgewicht der Information der Karte. Daher bei anthropogeographischen Geofaktoren auch sekundäre Information schwieriger zu finden und zu belegen. Dennoch mit Hilfe von Kenntnissen aus der Anthropogeographie viele Aussagen möglich.

1.2.3 Kartenwerke

Topographische Karten verschiedener Herausgeber haben unterschiedlichen Informationswert für geographische Interpretation. Karten für Interpretation nach drei hauptsächlichen Kriterien zu beurteilen:
1. *Menge der primären Informationen*: Geofaktoren und ihre Beziehungen zueinander müssen bei Kartendarstellung ausreichend berücksichtigt sein. Die Karte sollte Erläuterungen enthalten, die über die Abbildung der Realität hinausgehen (Flur- und Ortsnamen, Einwohnerzahlen).
2. *Darstellung des Karteninhalts*: Information muß vor allem klar und unzweideutig sein. Andererseits sollen Signaturen möglichst differenziert sein (Unterscheidung von Waldarten z. B. sehr unterschiedlich). Übersichtlichkeit und Lesbarkeit wichtig: Informationen können zu zahlreich sein und sich gegenseitig behindern, Wahl und Anordnung der Signaturen und Farben, Höhenangaben, Schummerung etc., Vorhandensein einer Legende wesentlich.
3. *Maßstab und Kartenausschnitt* müssen dem Interpretationsziel angemessen sein ($\rightarrow$ 1.2.4 und 1.2.5).

Bewertungsmaßstab für diese Kriterien: Interpretationsziel, Thema der Karteninterpretation. Ist Karte für das jeweilige Thema ausreichend, welche Mängel hat sie, welche Vorteile gegenüber Karten anderer Kartenwerke?

Karten gleicher Kartenwerke in wesentlichen Punkten übereinstimmend. Für einige westeuropäische Kartenwerke folgen die wichtigsten Besonderheiten, die bei einer Interpretation eine Rolle spielen könnten. *Aber*: jede einzelne Karte ist an der gestellten Aufgabe zu messen. Ausführliche Informationen über die amtlichen Kartenwerke, ihre wichtigsten Daten, ihre Geschichte sowie zur weiteren Literatur → WILHELMY, HÜTTERMANN, SCHRÖDER (1990, 141–170).

Bundesrepublik Deutschland:
Farben unterschiedlich in Anzahl für verschiedene Maßstäbe. TK 25 häufig nur dreifarbig (ohne grün: großer Mangel), TK 50 vier- bis siebenfarbig, TK 100 zusätzlich Straßennetz rot.

Relief: Isohypsendarstellung, Schummerung (fehlt auf TK 25 und vierfarbiger TK 50, fünffarbige mit Schummerung, wenn nicht als fünffarbige Militärausgabe ohne Schummerung), Felszeichnung. Sehr plastische Darstellung bei vorhandener Schummerung.

Gitternetz am Rande angegeben.

Legende ausführlich, mit Verzeichnis der Abkürzungen.

Beikarten für politische Grenzen. Blattübersicht (z. T. auch auf Rückseite), Neigungsmaßstab.

Topographische Karten der Bundesrepublik im allgemeinen sehr gut für Karteninterpretation brauchbar, vor allem mehrfarbige Ausgaben mit Schummerung. Nachteile der TK 25: schlechte Übersichtlichkeit durch fehlende Schummerung und z. T. nichtfarbige Darstellung der Vegetation. Umfangreiche Hilfen durch Legende und Beikarten. Neuere Interpretationen, vor allem für TK 50, liegen vor (→ 1.5).

Karten der ehemaligen DDR wurden durch deutsche Vereinigung auch öffentlich zugänglich, vor allem Restbestände der *„Ausgabe für die Volkswirtschaft"*. Militärische Ausgabe zeichnete sich durch hohen Detailreichtum aus, der für militärische Zwecke benötigt wurde, z. B. Fließgeschwindigkeit, Tiefe, Bodenbeschaffenheit von Gewässern oder Dichte, Baumarten und Stammdicke von Bäumen in Wäldern u. a. Ausgabe für die Volkswirtschaft dagegen relativ einfach gehalten, in vielem den Karten der westlichen Bundesländer ähnlich, bei insgesamt meist guter Kartographie. Vereinfachungen z. B bei der Einzelhausdarstellung lassen siedlungsgeographische Interpretation z. T. weniger ergiebig werden, Probleme bei der Genauigkeit der Darstellung von Regionen mit militärischem oder politischem Interesse (bewußte Falschdarstellungen). Im Bereich der Walddarstellung aber auch z. T. mehr Informationen: z. B. Hochwälder, Zwergwälder, Jungwälder, Windbrüche, abgeholzte Wälder, Waldbrandflächen, geschlossene Gebüschflächen, Stachelgebüsch u. ä. dargestellt. Schummerung fehlt.

Landesvermessungsämter der neuen Bundesländer bringen z. T. zunächst alte Karten in neuem Blattschnitt und mit anderen geringfügigen Anpassungen an den westlichen Standard heraus. Neue Karten enthalten auch Legende, die früher fehlte; „Zeichenerklärung für die Topographischen Karten Ausgabe für die Volkswirtschaft" bei den LV als Sonderdruck erhältlich.

Frankreich:
Farben unterschiedlich in Anzahl für verschiedene Maßstäbe. 1 : 50 000 drei- (unzureichend!) bis sechsfarbig, 1 : 100 000 achtfarbig (Straßen rot und gelb).

Relief: Isohypsendarstellung, mit z. T. bräunlicher Schummerung (ungünstig) für 1 : 50 000, und grauer Schattenschummerung (gut) für 1 : 100 000. Felszeichnung.

Gitter am Rande angegeben, selten durchgezogen. Manchmal Neugrad-Linien durchgezogen. Internationale Gradeinteilung (mit 60' und Greenwich-Null) neben französischer Gradeinteilung mit Neugraden (100' und Paris-Null) angegeben.

Besonderheit: Einwohnerzahlen in Tausend unter Ortsnamen, bei 1 : 100 000 Straßenkilometerentfernung angegeben.

Legende nicht sehr umfangreich, Abkürzungen meist nicht erklärt. Wald z. B. nicht nach Laub- und Nadelwald differenziert.

Beikarten für Verwaltungsgliederung am rechten oder unteren Kartenrand.

Carte de France im allgemeinen gut für Karteninterpretation geeignet. 1 : 100 000 macht durch farbigen Straßenaufdruck und Kilometerentfernungen fast Eindruck einer Straßenkarte. Angaben der Einwohnerzahlen nützlich.

Schweiz:
Vielfarbig, meist acht- bis zu zehnfarbig. Vor allem bei Reliefdarstellung vorteilhaft eingesetzt.

Relief in dreifarbigen Isohypsen, Schattenschummerung mit grauvioletten beschatteten und gelblichen besonnten Hängen, Talböden in grauem Ton, feiner Felszeichnung mit Gerippelinien und Schraffur. Gibt hervorragenden plastischen Gesamteindruck. Dreifarbige Isohypsen geben darüberhinaus Hinweis auf erdigen/felsigen Bodenuntergrund.

Vegetation dagegen nicht so stark differenziert: „Wald" ohne Unterscheidung.

Gitternetz durchgezeichnet aufgedruckt. Blattschnitt rechteckig, im Querformat.

Legende fehlt (großer Mangel), kann bei IMHOF eingesehen werden bzw. liegt als Sonderdruck der Kartenherausgeber vor. Blatteinteilung auf Rückseite angegeben.

Landeskarte der Schweiz hervorragendes Kartenwerk, in Darstellung ohne große Mängel, fehlende Legende beeinträchtigt Wert für Karteninterpretation nur bedingt (→ IMHOF). Maßstäbe 1 : 25 000, 50 000, 100 000 ohne wesentliche Unterschiede.

Österreich:
Siebenfarbendruck, bei Gletscherdarstellung neun Farben. Straßen z. T. rot und gelb aufgedruckt (ÖK 50 „mit Straßenaufdruck", ÖK 200); Wege z. T. rot dargestellt (ÖK 50 „mit Wegmarkierung").

Relief in Isohypsendarstellung, Schattenschummerung und Felszeichnung plastisch sehr gut dargestellt.

Gitternetz fehlt, Blattschnitt mit langer Meridionalseite (Hochformat), Gradabteilungskarten.

Am *Kartenrand* sind die österreichischen Bundesländer mit Namen eingezeichnet.

Legende fehlt bei einigen Ausgaben (großer Mangel), kann bei PASCHINGER eingesehen werden. Abkürzungen nur z. T. erklärt. Böschungsmaßstab (= Neigungsmaßstab) angegeben.

Beikarten fehlen.

Österreichische Karte (1 : 50 000) sehr gut für Karteninterpretation geeignet. Ausstattung am Kartenrand z. T. mager, Darstellung aber gut. Österreichisches Namengut z. T. bei Karteninterpretation für Nicht-Österreicher hinderlich (z. B. Kees = Gletscher, Maut = Zoll-(etc.-)Abgaben, usw.). ÖK 25 und ÖK 100 Vergrößerungen von ÖK 50 bzw. ÖK 200.

Italien:
Mehrfarbige Ausgaben, meist fünf- und sechsfarbig bei modernen Karten. Straßennetz z. T. rot aufgedruckt.

Relief: Isohypsen, Schummerung (sechsfarbige Ausgabe mit grauem Schummerton), Felszeichnung. Insgesamt vor allem im Hochgebirge brauchbare, sonst z. T. schwache plastische Wirkung.

Vegetation sehr differenziert angegeben, z. T. so differenziert, daß Lesbarkeit darunter leidet (auch durch Art der Signaturen).

Kein *Gitternetz:* z. T. zwei Koordinatensysteme, auf Rom und Greenwich ausgerichtet.

Legende vorhanden, auch Verzeichnis der Abkürzungen. Für ausländische Karteile sogar ausländische Abkürzungen erläutert.

Beikarten zur Lage des Kartenausschnittes und zur administrativen Gliederung.

Carta d'Italia für Karteninterpretation brauchbar, vor allem Alpenblätter. Ältere Ausgaben vielfach dürftig, auch heutige Karten kommen in ihrem Wert für Karteninterpretation nicht an deutsche, schweizerische oder ähnliche Kartenwerke heran. Nicht sehr übersichtlich, z. T. durch farbigen Straßendruck (vor allem 1 : 100 000) Eindruck einer Straßenkarte.

Großbritannien:
Mehrfarbige Ausgaben 1:25 000 4fbg., 1:50 000 7fbg., mit roten und gelben Straßen.

Relief: Isohypsendarstellung, ohne Schummerung nicht sehr plastisch. Höhenlinien in Fuß (ca. 0,3 m), Vorsicht: in manchen Karten Angaben in m! Steigung der Straßen in zwei Gradienten angegeben (1:50 000).

Signaturen z. T. sehr detailliert (z. B. „Toiletten auf dem Lande", „Telefon", „Eisenbahnhaltestellen" rot, usw.). Ausführliche Verwendung von Schrift in der Karte (z. B. historische Orte durch Schriftart in „römische" und „andere" unterschieden), auch wo Symbolsignaturen vorzuziehen wären (z. B. „mine", „mine disused"). Ebenso wenig differenzierte Darstellung der Siedlungen, aber vielfach öffentliche Einrichtungen eingezeichnet (Rathaus, Krankenhaus, öffentliche Gebäude, Universitäten etc.). Häufige Verwendung von Schrift problematisch vor allem in walisischem und schottischem Sprachgebiet (Literaturhinweis am Kartenrand).

Km-*Gitternetz* aufgedruckt. Blattschnitt 1:25 000 10 × 20 km, 1:50 000 40 × 40 km, z. T. überlappend. Sehr große Blätter!

Legende vorhanden, nicht alle Abkürzungen aufgeführt. 1:50 000 z. T. 3-sprachig.

Beikarten zur Lage des Kartenausschnittes, über Nationalparks und öffentliches Wegerecht.

1:25 000 und 1:50 000 haben One-inch-map 1:63 360 ersetzt. 1st und 2nd Series beachten!

Hoher Informationswert der britischen Ordnance Survey Karten, aber nicht sehr anschaulich dargestellt. Mangel: vor allem fehlende Schummerung, zu starker Einsatz von Schrift anstelle von Symbolsignaturen, zu großes Format. Ansonsten für Karteninterpretation gut zu gebrauchen. Zahlreiche englischsprachige Bücher zur Karteninterpretation auf dem Markt, ebenso einige Interpretationen (→ 1.5).

Andere Kartenwerke:

Andere europäische Kartenwerke auch durchaus brauchbar für Karteninterpretation, vor allem *niederländische, dänische, schwedische, isländische*. Größtes *Problem*: Sprachbarriere. Ost- und ostmitteleuropäische Kartenwerke dagegen im allgemeinen weniger für Karteninterpretation zu gebrauchen; Ausnahme s. o.: Neue Bundesländer. Überseeische Kartenwerke nur selten von ähnlichem Standard wie europäische. Ausnahmen oft in ehemaligen Kolonialländern, so z. B. neuseeländische, ceylonesische sehr gut für Karteninterpretation geeignet.

Besonderheiten der *Militärausgaben*:
Für viele westeuropäische Kartenwerke der NATO-Mitgliedstaaten teilweise vereinheitlichte Militärausgaben verfügbar. Unterscheiden sich im wesentlichen von normalen Kartenwerken der jeweiligen Länder durch:

– Aufdruck eines militärischen Meldegitters (UTM = Universal Transversale Mercator).
– mehrsprachige Legende (meist dreisprachig)
– farbigen Straßenaufdruck (nicht bei allen Kartenwerken, z. B. nicht bei Topographischer Karte der Bundesrepublik Deutschland 1:25 000).

Leichtere Orientierung; bei fremdsprachigen Kartenwerken Mehrsprachigkeit von Vorteil. Farbiger Straßenaufdruck meist ebenfalls vorteilhaft, kann aber auch zu stark dominieren. Insgesamt bedeuten Militärkarten-Veränderungen aber leichtere Lesbarkeit.

Im Kap. 6 folgen für einige hier besprochene fremdsprachige Kartenwerke (englische, französische, italienische) Übersetzungen der Legende, der Abkürzungen und einiger häufig gebrauchter Wörter.

1.2.4 Maßstab

Abhängig vom Maßstab (kleiner Maßstab z. B. 1:200 000, großer Maßstab z. B. 1:5000) ist Komplexität des Informationsgehaltes, sowohl der einzelnen Geofaktoren und ihrer Beziehungen untereinander als auch der dargestellten räumlichen Einheiten.

Topographische Karten umfassen verschiedene Maßstäbe; 1: 10 000 und größer: topographische *Plankarten*, 1: 100 000 und kleiner: topographische *Übersichtskarten*, dazwischen topographische *Spezialkarten* (LOUIS 1956).

Je *kleiner* der Maßstab, umso:
- generalisierter sind die Signaturen,
- undifferenzierter ist Darstellung einzelner Geofaktoren,
- weniger einzelne Geofaktoren werden dargestellt,
- mehr landschaftliche Einheiten sind abgebildet,
- kleinmaßstäbigere landschaftliche Einheiten sind zu erkennen (Großräume).

Je *größer* der Maßstab, umso
- originalgetreuer sind die Signaturen,
- differenzierter ist Darstellung einzelner Geofaktoren, vor allem auch Kleinformen,
- mehr einzelne Geofaktoren werden dargestellt,
- weniger landschaftliche Einheiten sind abgebildet und zu erkennen,
- großmaßstäbigere landschaftliche Einheiten (Gefüge) sind zu erkennen.

Großer Maßstab gibt differenzierte Detailanalyse und problematische Raumanalyse, kleiner Maßstab bildet Details weniger gut, aber räumlich übersichtlicher ab, wobei mit kleiner werdendem Maßstab die räumlichen Einheiten durch die sie ausmachenden Geofaktoren schlechter belegt werden können.

Vom Maßstab ist sowohl *Erkenntnisgehalt* als auch *Methode der Darstellung* der Interpretationsergebnisse abhängig. Bei großem Maßstab steht die Detailanalyse im Vordergrund, bei kleinem Maßstab Integration der Geofaktoren zu räumlichen Systemen, Beziehungen der Räume untereinander, Hierarchien räumlicher Strukturen.

Einige Inhaltselemente der Karte bleiben völlig unberücksichtigt vom Maßstab, z. B. Ortsnamen und die damit verbundenen möglichen Aussagen zur Genese der Siedlungen.

Der *„ideale" Maßstab* für die Karteninterpretation richtet sich nach der gestellten Aufgabe. Meist liegt er jedoch bei 1: 25 000 bis 1: 50 000.

1.2.5 Kartenausschnitt

Kartenausschnitt topographischer Karten durch willkürliche Blatteinteilung der amtlichen Kartenwerke, nicht durch bestimmte Themenstellung oder Anforderung an die Karte begründet. Dadurch ist Kartenausschnitt fast nie vollständige oder alleinige Abbildung bestimmter regionaler Einheiten. Oft sind in einem Kartenausschnitt mehrere Einheiten abgebildet und nicht alle vollständig, d. h. in ihrer gesamten räumlichen Ausdehnung. Um zur Charakterisierung eines Raumes zu gelangen, ist es aber nicht immer notwendig, den gesamten Raum abgebildet zu haben.

Da auf der Karte meist mehrere Räume abgebildet sind, müssen Regionalisierungen vom Interpreten vorgenommen werden. Die Interpretation muß von der Elementanalyse zur Komplexanalyse schreiten. Integration der Geofaktoren zu räumlichen Einheiten ist ein wesentliches Ziel der Interpretation. Es ergibt sich somit eine Aufgliederung des Kartenblattes in verschiedene Teilräume (→ 2.4).

Anzahl und Möglichkeit der Identifizierung räumlicher Einheiten auch vom Maßstab
abhängig (→ 1.2.4).

1.3 Der Interpret

Person, die Information der Karte transformiert, schafft neue Synthese. Synthese unter
anderem abhängig von Voraussetzungen des Interpreten. Notwendige *Kenntnisse und
Fähigkeiten* für Karteninterpretation:

1. aus *Allgemeiner Geographie:* Terminologiegebrauch und Terminologieverständnis
   zum richtigen Analysieren der Einzelelemente sowie zu ihrer korrekten Abbildung
   in der Synthese;
2. aus systematischer *Regionaler Geographie:* länderkundliche Methodik und Integration der Geofaktoren zu räumlichen Einheiten.

Überprüfung einer Interpretationsleistung des Interpreten anhand seiner Interpretation auf folgende Gebiete zu beschränken:

1. Hat der Interpret alle Einzelerscheinungen korrekt angesprochen, beschrieben und
   erläutert und sich dabei der Fachterminologie bedient?
2. Hat der Interpret eine sinnvolle Integration der Einzelerscheinungen zu räumlichen
   Komplexen vorgenommen, die einer geographischen Systembildung entspricht?

Landeskundliches Vorwissen, das in der Karte keine Belege findet, kann nicht in die
Interpretation einfließen, wenn diese eine *reine* Karteninterpretation sein soll. *Reine
Karteninterpretation* verwertet nur primäre Informationen der Karte und verzichtet auf
alle weiteren Hilfsmittel außerhalb der Karte. Landeskundliches Vorwissen des Interpreten kann also bei der Analyse lediglich Aufsuchen von primären Informationen erleichtern, mangelnde Information der Karte jedoch nicht ersetzen.

Unterschied von landeskundlichem Vorwissen und Kenntnissen und Fähigkeiten aus
Allgemeiner bzw. systematischer Regionaler Geographie besteht in Subjektivität
dieses Vorwissens (Zufall, Reiseerfahrung etc.) und im Unterschied von Wissen und
Verstehen. Es ist wichtiger, verstanden zu haben, daß Gesteinsunterschiede Stufenbildner auszeichnen, als zu wissen, daß Weißjura beta Hauptstufenbildner der
Schwäbischen Alb ist.

1.4 Anwendung der geographischen Karteninterpretation

Karteninterpretation *eine* von mehreren Beobachtungs- und Datenerhebungsmethoden der Geographie. Alleine, als reine Interpretation, meist nicht für eine komplexe
geographische Aussage hinreichend, da Begrenzung durch landschaftsphysiognomischen Ansatz (→ 1.1.3), durch Grenzen der Karte (→ 1.2), des Interpreten (→ 1.3) und
der Darstellung der Interpretationsergebnisse (→ 4). Daher Karteninterpretation
durch andere Hilfsmittel verbessern oder aber durch andere Möglichkeiten der Datenerhebung und Beobachtung ergänzen.

Im *militärischen Bereich* Karte unentbehrliches Hilfsmittel. Über einfache Orientierung hinaus dient topographische Karte Truppenoffizieren dazu, geeignete Ortswahl für Gefechtsstand, Feldbefestigungsbau, Biwak, Stellungsbau u.ä. zu treffen. WIESNER (1972) gibt Hinweise auf Möglichkeiten der Interpretation der deutschen Topographischen Karte 1:50000, vor allem über hydrologische Situation und Eignung des Geländes zum Feldbefestigungsbau. Für Großbritannien s. Manual of Map Reading.

In der *wissenschaftlichen Arbeit* wird Karteninterpretation meist für Vorbereitungsphase gebraucht. Weiterführende Arbeit dann empirisch am Objekt selbst oder durch Quellenstudien anderer Art.

Ziel hierbei meist nicht komplette Interpretation der gesamten Karte, sondern Interpretation von Einzelelementen oder Teilkomplexen der Karte (räumliche Einheiten). Nur ausgewählte Informationen der Karte werden zur Interpretation herangezogen. Auf Bedeutung der Karte für *Landesforschung* hat WALTER (1960) hingewiesen, für *Heimatforschung* KOST (1958), für *Landschaftsforschung* PILLEWIZER (1968).

Karteninterpretation in zunehmendem Maße eingesetzt als *Lehr- und Lernmittel* innerhalb der Ausbildung von Geographen und in der Schule. Ergänzt und ersetzt unmittelbare Anschauung geographischer Phänomene. An Karte können durch Interpretation wesentliche Teile der geographischen Wissenschaft demonstriert werden: sowohl einzelne Geofaktoren, ihre Charakteristik, Verbreitung, Genese, Verknüpfung und Vergesellschaftung mit anderen Geofaktoren als auch geographische Systembildung zu regionalen Komplexen und landschaftlichen Einheiten (HÜTTERMANN 1978).

Dementsprechend kann Karteninterpretation auch zur Überprüfung der Kenntnisse und Fähigkeiten eines Lernenden eingesetzt werden. Geographische Interpretation einer gesamten Karte, also sowohl ihrer Einzelelemente als auch ihrer räumlichen Komplexe, oft im Mittelpunkt der schriftlichen Examensleistung in Geographie an der Universität. Überprüfbar (→ 1.3) sind dabei vor allem Kenntnisse der Allgemeinen Geographie und der systematischen Regionalen Geographie (Länderkundliche Methodik), nicht aber landeskundliches Vorwissen, obwohl oft Karteninterpretation als „Aufsatz"-Ersatz gesehen wird und im Examen landeskundliches Wissen in der Karteninterpretation erwartet wird. Nicht von der Sache her zu rechtfertigen, Überprüfung solcher Kenntnisse anderen Prüfungen (schriftlichem Aufsatz; mündlichem Examen) überlassen.

Nach Problemstellung der Karteninterpretation richtet sich Darstellung der Interpretationsergebnisse. Unterschiedliche Darstellungsmethoden für verschiedene Zwecke wählen (→ 4).

Neben Vermittlung der Interpretation einzelner Inhaltselemente stehen Fragen der Integration dieser Elemente zu räumlichen Komplexen und Methoden der Darstellung der Ergebnisse geographischer Karteninterpretation im Mittelpunkt der „Karteninterpretation in Stichworten". Damit werden alle Teilbereiche der Karteninterpretation angesprochen. Ziel bleibt dabei aber gesamte Interpretation einer topographischen Karte, wie sie z.B. als Examensleistung gefordert wird. Dadurch *Schwerpunktbildung: Karteninterpretation im schriftlichen Examen.*

1.5 Literatur zur Karteninterpretation

Grundlegende Ausführungen von BARTEL (1970), später Aufsätze von SCHMITZ (1973), HÜTTERMANN (1975/1979) und GEIGER (1977).

BARTEL klärt einige *grundlegende Fragen*: Definition der Karteninterpretation; Vorgang von Lesen über Erkennen, Beschreibung zu deutender Benennung; Herausarbeitung von Regelhaftigkeiten, Formengruppen, Raumeinheiten; Unterschied zwischen Landesbeschreibung und Karteninterpretation. Gibt zwei Wege zur Erarbeitung, drei Wege zur Darstellung sowie Hinweise zum Erlernen einer Interpretation (vgl. Abb. 44).

Sammlung von Aufsätzen zur Kartenauswertung bei HÜTTERMANN (1981).

Erkenntnistheoretische Fragen bei der Karteninterpretation berücksichtigten BREETZ (1972/1975) und KEATES (1982); Gewinne und Verluste im Kommunikationsprozeß mit Karten untersucht RATAJSKI (1977).

Sinnvolle Verbindung von Karteninterpretation mit direkter *Anschauung im Gelände* (BECK 1977, JESCHOR/BLEIEL 1989, LINKE 1982) oder auf Exkursionen mit Beispielen bei ROBINSON/WALLWORK (1970) und HÜTTERMANN (1978/1992).

Für *spezielle Anwendungsbereiche* der Karteninterpretation in Heimatkunde KOST (1958), Landesforschung WALTER (1960), Landschaftsforschung PILLEWIZER (1968) und im militärischen Bereich WIESNER (1972).

Praktische Ratschläge finden sich in Lehrbüchern zur Kartographie; ausführlich bei WILHELMY, HÜTTERMANN, SCHRÖDER (1990, 184–194), kursorisch und mehr als Kartenlesen bei IMHOF (1968, 9. und 16. Kapitel), in englischer Sprache bei CRAMER (1963, 16. Kapitel), bezogen auf Physische Geographie bei SCHOLZ (1968).

Neben knapper Anleitung von SCHICK (^{4}1985) gibt es *„Praktische Arbeitsweisen"* von FEZER (^{2}1976).

FEZER gibt vor allem Analyse und Interpretation von Einzelelementen der Karte; Reihenfolge: Gewässer und Talnetz, Relief, Verkehr, Namengut, Siedlungen, Vegetation/Tierwelt/Land- und Forstwirtschaft, Energiegewinnung/Bergbau/Industrie. Abschließendes Kapitel zur Raumgliederung (S. 130–132). Liste besonderer Namensformen (S. 91) und häufig vorkommender Flurnamen auf deutschsprachigen topographischen Karten (S. 138–142), Interpretationsbeispiel Aki-ta/Japan (S. 133–137). Kartenbeispiele häufig außereuropäisch.

Als Vorläufer kann WALTERS „Die topographische Karte 1 : 25 000 als Grundlage heimatkundlicher Studien" (1914) angesehen werden.

Lexikon zur Bestimmung von Geländeformen in Karten, mit Begriffsdefinitionen, Beispielen und praktischen Hinweisen von SCHULZ (1989).

In französischer Sprache liegen vorwiegend geologisch-morphologisch ausgerichtete Lehrbücher von TRICART/ROCHEFORT/RIMBERT (1965) und ARCHAMBAULT/LHENAFF/VANNEY (1967/1970) vor, in englischer Sprache gute Lehrbücher von DURY (1952/1967), SPEAK/CARTER (1970) und MUEHRCKE (1978). Im Übergangsbereich von

Kartenlesen und Karteninterpretation in englischer Sprache PICKLES (1961) und MEUX (1960).

Schulgeographie beschäftigt sich schon seit Jahrzehnten mit Behandlung und Auswertung von Karten im Erdkundeunterricht: OPPERMANN (1906), WALTER (1908), EGERER (1914/1918/1951), WALTER (1914), WAGNER (1929), BURCHARD (1932), WALTER (1933), HEININGER (1941), RUSSNER (1943), BUSCH (1949), ZIMMERMANN (1950), KOST (1958), MÖBIUS (1963), SANDER und WENZEL (1975), HÜTTERMANN (1977/1978), GEIGER (1979), SPERLING (1982), HERZIG (1992).

Karteninterpretation vor allem am Beispiel zu üben, wozu eine ganze Reihe *Beispielsammlungen* von Kartenblättern mit Erläuterungen verfügbar sind.

Auswahlsammlung von *Erläuterungen zu älteren Kartenwerken:*

1:25 000: vom REICHSAMT FÜR LANDESAUFNAHME (1923 ff): für Deutschland 31 Blätter von KRAUSE, für die Mark Brandenburg 20 Blätter von RATTHEY, für Schlesien 22 Blätter von OLBRICHT, für das Rheinland 22 Blätter von ZEPP, für Ostpreußen 20 Blätter von STUHLFATH, für Niedersachsen 20 Blätter von MURIS und WAGNER, für Westfalen 20 Blätter von RÜSEWALD u. a., für Thüringen 20 Blätter von ZAHN u. a.

1:100 000: Blatt 572 Landau/Pfalz von WALTER; von GREIM 12 ausgewählte Karten von Bayern; von WUNDERLICH 9 Blätter aus Oberschwaben (1927), 11 Blätter von der Schwäb. Alb (1929) und 8 Blätter aus dem württ. Schwarzwald (1931); von BEHRMANN 40 Blätter (^{4}1951).

1:25 000 und 1:50 000 der Schweiz: 20 Blätter von VOSSELER (1928).

Leichter verfügbar und eher als Einführung zur Karteninterpretation zu empfehlen, obwohl keine eigentliche (reine) Karteninterpretation, sondern mehr Landeskunde im Kartenausschnitt, sind LESERs (1984) *Erläuterungen zur TK 100 Rhein-Neckar* sowie *Auswahlsammlungen und Einzelinterpretationen der modernen deutschen Topographischen Karte 1:50 000:*

Blatt L 3718 Minden von SCHÜTTLER (1966); Blatt L 5508 Ahrweiler von MÜLLER-MINY (1961 und 1965). Als Landschaftsdurchmusterung, nicht komplette Interpretationen: L 4910 Gummersbach, L 5510 Waldbröl und L 5308 Bonn von MÜLLER-MINY (1967).

Vom INSTITUT FÜR LANDESKUNDE in zunächst 4 Sammlungen folgende Blätter:

1. Sammlung: L 4126 Seesen, L 4304 Wesel, L 5308 Bonn, L 5710 Koblenz, L 5906 Daun, L 5908 Cochem, L 5914 Wiesbaden, L 6114 Mainz, L 5924 Hammelburg, L 7922 Saulgau.

2. Sammlung: L 2122 Itzehoe, L 3126 Münster, L 3314 Vechta, L 3926 Bad Salzdetfurth, L 5936 Münchberg, L 6924 Schwäbisch Hall, L 7314 Baden-Baden, L 7316 Wildbad i. Schwarzwald, L 7320 Stuttgart-Süd, L 7916 Schwenningen am Neckar.

3. Sammlung: L 2310 Esens, L 4920 Fritzlar, L 5716 Bad Homburg v. d. Höhe, L 5718 Friedberg, L 6332 Forchheim, L 7136 Kelheim, L 7324 Geislingen an der Steige, L 8320 Konstanz, L 8332 Murnau, L 8532 Garmisch-Partenkirchen.

4. Sammlung: L 4318 Paderborn, L 4508 Essen, L 4524 Göttingen, L 5728 Königshofen i. Grabfeld, L 6330 Höchstadt a. d. Aisch, L 6536 Amberg, L 6708 Saarbrücken-Ost, L 7142 Deggendorf, L 7912 Emmendingen, L 8342 Bad Reichenhall.

2. Auflage, Auswahl A: Itzehoe, Esens, Munster, Vechta, Wesel; *Auswahl B:* Bad Salzdetfurth, Göttingen, Fritzlar, Daun, Münchberg; *Auswahl C:* Deggendorf, Baden-Baden, Geislingen, Saulgau, Bad Reichenhall; *Auswahl E:* Hannover, Essen, Frankfurt a. M.-Ost; Saarbrücken-Ost; Stuttgart-Süd. Aktualisierte Neuauflage.

Für die britische One-inch-map (ab Nr. 17: 1:50 000) liegen Interpretationen mit zahlreichen Illustrationen von folgenden Blättern vor (hrsg. EDWARDS); meist Einzelblätter:

1. Lake District Tourist Sheet. The English Lake District (MONKHOUSE 1960); 2. Sheet No. 90, The Yorkshire Dales (KING 1960); 3. Sheet Three Inches to One Mile: Guernsey (FLEURE 1961); 4. Sheet No. 159, The Chilterns (COPPOCK 1962); 5. Sheet No. 107, Snowdonia (EMBLETON 1962); 6. Sheet No. 100, Merseyside (GRESSWELL/LAWTON 1964); 7. Sheet No. 93, The Scarborough District (KING 1965); 8. Sheet No. 103, The Doncaster Area (COATES/LEWIS 1966); 9. Sheets No. 185, 186, 189, 190 und Teile von 174 und 187, Cornwall (BALCHIN 1967); 10. Sheet No. 173, East Kent (COLEMAN/LUKEHURST 1967); 11. Sheet No. 158, The Oxford and Newbury Area (WOOD 1958); 12. Dartmoor Tourist Sheet, Dartmoor (BRUNSDEN 1968); 13. Sheets No. 27 und 28, The Strathpeffer and Inverness Area (SMALL/SMITH 1971); 14. Sheet No. 126, The Norwich Area (BALLEY 1971); 15. Sheet No. 46, The Loch Linnhe District (CRUICKSHANK/JOWETT 1972); 16. Sheets No. 138 und 151, The Fishguard and Pembroke Area (JOHN 1972); 17. Sheet No. 150, The Worcester District (ADLAM 1974); 18. Sheet No. 163, Cheltenham and Cirencester (NAISH 1978); 19. Sheet No. 118, The Potteries (BEAVER/TURTON 1979).

Interpretationssammlungen von Auszügen verschiedener Kartenwerke in unterschiedlichen Maßstäben bei KNOWLES und STOWE (1969, 1971, 1976, 1982).

1. Europa-Band: 1416 IV. Aurland, Norwegen, 1:50 000; K 10 Svolvaer, Norwegen, 1:100 000; 29 J Kiruna, Schweden, 1: 100 000; 1513 Kobenhavn, Dänemark, 1: 100 000; 19 West Alkmaar und 14 West Medemblik, Niederlande, 1:50 000; 19 B Alkmaar, Niederlande, 1:25 000; R-Karte von Belgien, Blatt Liège; L 4506 Duisburg, BRD, 1:50 000; L 7520 Reutlingen, BRD, 1:50 000; L 5912 Kaub, BRD, 1:50 000; L 1928 Plön, BRD, 1:50 000; L 3530 Wolfsburg, BRD, 1:50 000; XIX – 11 Rouen Ouest und XX – 11 Rouen Est, Frankreich, 1: 50 000; 5 – 6 und 7 – 8 Carcassonne, Frankreich, 1:25 000; XXXIII – 46 Toulon, Frankreich, 1:50 000; XXXI – 45 Marseille, Frankreich, 1:50 000; XXX – 44 und 45, XXXI – 44 und XXXI – 45 Istres, Martigues, Marseille, Frankreich, 1:50 000; 249 Tarasp, Schweiz, 1:50 000; 284 Mischabel, Schweiz, 1:50 000.

2. Europa-Band: D 33 Vest Hardangerjökulen, Norwegen, 1:100 000; 1720 III Röros, Norwegen, 1:50 000; 10 D Karlstadt N.V., Schweden, 1:50 000; 31 Hässelby, Schweden 1:10 000; M 2610 und M 2611 Rye und Byrup, Dänemark, 1:20 000; 21 West und 20 Est Zwolle und Enkhuisen, Niederlande, 1:50 000; 23 Nieuw-Schoonebeek, Niederlande, 1:50 000; L 3308 Meppen, BRD, 1:50 000; XXI – 18 Orgères-En-Bauce, Frankreich, 1:50 000; XXVI – 14 Montmirail, Frankreich, 1:50 000; XXVII – 13 Avize, Frankreich, 1:50 000; XVII – 12 Lisieux, Frankreich, 1:50 000; 1 – 2 und 5 – 6 Uckange, Frankreich, 1:25 000; XXVII – 44 Sète, Frankreich, 1:50 000; 12/1 – 2 und 12/3 – 4 Middelkerke-Ostende und Bredene-Houtave, Belgien, 1:25 000; L 5906 Daun, BRD, 1:50 000; L 3726 Peine, BRD, 1:50 000; L 6716 Speyer, BRD, 1:50 000; 225 Zürich, Schweiz, 1:50 000; 231 und 232 Le Locle und Vallon de St. Imier, Schweiz, 1:50 000.

Neuauflage „Western Europe in Maps" = Bd. 1 u. 2 (11 Studies fehlen).

Nordamerika-Band: 55 K Tavani, Kanada, 1:250 000; 12 A/13 W Corner Brook, Kanada, 1:50 000; 22 D/6 g Arvida, Kanada, 1:25 000; 21 M/1 West St.-Jean-Port-Joli, Kanada, 1:50 000; 62$^1/_3$ West Stonewall, Kanada 1:50 000; 62 L/12 East Indian Head, Kanada, 1:50 000; 82$^1/_8$ West, Scandia, Kanada, 1:50 000; 84 C/3 East, Peace River, Kanada, 1:50 000; 21 L/14 b u. c Ste.-Foy u. Quebec, Kanada, 1:25 000; Sparrows Point Quadr., 1:24 000, USA; Utica West u. East Quadr., 1:24 000, USA; Lincoln Kenny u. a. Quadr., 1:62 500, USA; Lowell Quadr., 1:24 000, USA; Strasburg Quadr., 1:62 500, USA; Iaeger Quadr. 1:24 000, USA; Jackson, Mich. Quadr., 1:62 500, USA; Virginia Quadr., 1:24 000, USA; Jacksonville Beach Quadr., 1:24 000, USA; Furnace Creek Quadr., 1:62 500, USA; Biola Quadr., 1:24 000, USA.

Gelände- und Kartenbetrachtung von 3 Schweizer Karten bei IMHOF (1968):

Limmtal bei Dietikon im Kanton Zürich, 1 : 25 000; Berner Ketten- und Faltenjura mit den Klusen zwischen Moutier und Courrendlin, 1 : 100 000; Rhonetal bei Sierre und Leuk im Kanton Wallis, 1 : 100 000.

Topographische Atlanten verschiedener Bundesländer der Bundesrepublik Deutschland eher Landeskunde mit Kartenillustrationen, dennoch als einführende Übung in Kartenlesen und Karteninterpretation geeignet:

Für Niedersachsen von SCHRADER (1965), für Schleswig-Holstein von DEGN und MUUSS (1968, [4]1979), für Bayern von FEHN (1968), für Nordrhein-Westfalen von SCHÜTTLER (1968), für Hessen von ERNST und KLINGSPORN (1969, 1973), für Rheinland-Pfalz von LIEDTKE, SCHARF und SPERLING (1973), für das Saarland von LIEDTKE, HEPP und JENTSCH (1974), für Niedersachsen und Bremen von SEEDORF (1977), für die Bundesrepublik Deutschland von DEGN und MUUSS (1977), für Baden-Württemberg von FEZER (1979).

Karteninterpretation unter bestimmten *thematischen Aspekten,* meist geomorphologischen, von verschiedenen Teilen der Welt:

Für typische deutsche Landschaftsausschnitte von HOFMANN und LOUIS (1969 ff), für USA Atlanten von CHAPMAN u. a. (1965) und UPTON (1970), für Kanada von BAIRD (1972).

Zur Entwicklung von Stadt und Umland von Kiel 1879–1979 im Bild der TK 25 liegt Aufsatzsammlung vor (BÄHR 1983), zum Thema Landschaftsverbrauch HÜTTERMANN (1990).

Zur Entwicklung von Stadt und Umland von Kiel 1879–1979 im Bild der TK 25 liegt Aufsatzsammlung vor (BÄHR 1983), zum Thema Landschaftsverbrauch HÜTTERMANN (1990).

Kartenbeispiele für bestimmte Themenstellungen, mehr als Übung zum Kartenlesen geeignet, in MUSTERBLÄTTERN für Siedlungsformen und Geländeformen, bei IMHOF (1968) als „Lesen von Höhenkurven", bei GOODSON und MORRIS (1971) als „Isohypsenwörterbuch".

Weitere Literatur → 7.

2 Voraussetzungen zur geographischen Analyse topographischer Karten

2.1 Orientierung

Zur Orientierung zunächst Klarheit verschaffen über Lage des Kartenausschnittes im Raum: Einordnen der Karte. Dann Orientierung auf der Karte selbst.

2.1.1 Einordnen der Karte

Topographische Karten meist Teile eines amtlichen Kartenwerks. Daher aus Blattbezeichnung bereits Lage des Kartenblattes innerhalb der jeweiligen nationalen Blatteinteilung abzulesen.

Bundesrepublik Deutschland:
4 Ziffern, setzen sich zusammen aus: ersten zwei (von N nach S zunehmend) und letzten zwei (von W nach O zunehmend). Buchstaben geben Maßstab an (ohne Buchstabe = 1:25 000, L = 1:50 000, C = 1:100 000). *Beispiele:* L 0916 = Sylt, L 4506 = Duisburg, L 4524 = Göttingen, L 8344 = Berchtesgaden. Blattabschnitte und Blattbezeichnungen der ehemaligen DDR-Karten werden zur Zeit umgestellt.

Abb. 1: Blatteinteilung der Maßstabsfolge topographischer Karten
Ziffernfolge gibt Lage des Kartenblattes an; erste beiden Ziffern von N nach S zunehmend, letzte beiden von W nach O zunehmend. Buchstaben geben Maßstab an (ohne Buchstaben: TK 25; L: TK 50; c: TK 100; CC: TK 200).

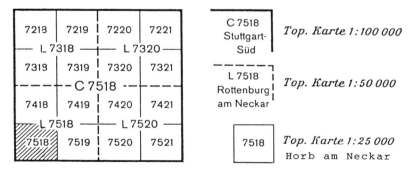

Niederlande:
1 : 50 000: Zahl und Bezeichnung „Ost", „West". Zahlen durchlaufend numeriert von NW bis SO, von 1 bis 62, jedes Blatt hat Ost- und West-Teil. *Beispiel:* 19 West Alkmaar beinhaltet 19A Bergen, 19B Alkmaar, 19C Castricum, 19D Wormerveer (jeweils 1 : 25 000), daneben 19 Ost Alkmaar beinhaltet 19 E Obdam, 19 F Hoorn, 19 G Purmerend, 19 H Edam (jeweils 1: 25 000). 1 Terschelling, 61 Maastricht.

1 : 100 000: Zahlen durchlaufend numeriert von NW bis SO, von 1 bis 34. *Beispiele:* 1 Harlingen, 11 Amsterdam, 34 Kerkrade.

Frankreich:

1 : 50 000: Zusammensetzung römischer und arabischer Zahlen. Römische Zahlen = Rechtswerte (nach O zunehmend), arabische Zahlen = Hochwerte (nach S zunehmend). *Beispiele:* IV–17 Brest, XXXVIII–16 Strasbourg, XII–44 Bayonne, XXXVII–43 Nice.

1 : 100 000: Zusammensetzung Großbuchstaben und arabische Zahlen. Buchstaben A bis S (von W nach O), Zahlen von 1 bis 25 (von N nach S). *Beispiele:* A9 Brest, R8 Strasbourg, D22 Bayonne, R21 Nice.

Schweiz:

Rückseite der Karten beachten: Blatteinteilung meist angegeben.

1 : 25 000: 4 Ziffern. Letzte zwei Ziffern werden durchlaufend gezählt von W nach O (pro Zeile 20 reserviert), erste zwei Ziffern bei 10 beginnend, ab 6. Zeile = 11 (durch fortlaufende Numerierung der letzten zwei Ziffern, pro Zeile 20, bedingt), ab 11. Zeile = 12, ab 16. Zeile = 13, somit von N nach S zunehmend. *Beispiele:* Blatt 1012 Singen, Blatt 1116 Feldkirch, Blatt 1301 Genève, Blatt 1374 Como.

1 : 50 000: 3 Ziffern. Erste zwei von 20 bis 29 = Hochwert (von N nach S), letzte von 0 bis 9 (bzw. „9 bis") = Rechtswert (von W nach O). *Beispiele:* Kartenzusammensetzung 213 Basel, Kzs. 297 Como. In der Regel als Kartenzusammensetzung gedruckt, nur wenige „Normalblätter" = halbes Format.

1 : 100 000: 2 Ziffern. Durchlaufend numeriert, von W nach O in Zeilen, von 26 bis 48. *Beispiele:* Blatt 26 Basel, Blatt 40 Le Léman, Blatt 48 Sotto Ceneri.

Österreich:

1:25 000 und 1:50 000: durchlaufend numeriert, ohne Auslassungen von NW bis SO von 1 bis 213. *Beispiele:* 12 Passau, 59 Wien, 202 Klagenfurt.

1:100 000 und 1:200 000: Angabe eines Zahlenpaares (geogr. Breite und Länge nach Greenwich). *Beispiel:* 48/16 Wien.

Italien:

1 : 50 000: durchlaufend numeriert in Zeilen von W nach O, Foglio No. 00 1 ff (ohne Auslassungen). *Beispiele:* Foglio No. 00 1 Passo del Brennero, Foglio No. 374 Roma.

1 : 100 000: durchlaufend numeriert in Zeilen von W nach O, Foglio No 1 bis 277 (ohne Auslassungen). *Beispiele:* Fo. 1 Passo del Brennero, Fo. 150 Roma, Fo. 277 Noto (Sicilia).

1 : 25 000: Jedes Blatt 1 : 100 000 umfaßt 16 Blätter 1 : 25 000, Zählung: zuerst No. des Blattes 1 : 100 000, dann jeweils Quadrant I bis IV (NO-Quadrant = I, im Uhrzeigersinn drehend), dann innerhalb dieses Quadranten erneut Unterteilung in Quadranten mit Bezeichnung NE/SE/SO/NO (O = West). *Beispiel:* oberes nordöstlichstes Sechzehntel des 1 : 100 000 Blattes Rom ergibt 1 : 25 000 Blatt „150 I–NE".

Auf manchen Kartenrückseiten ist Blatteinteilung eingezeichnet, erleichtert Einordnen der Karte (z. B. Landeskarte der Schweiz 1:50 000, 1:100 000; Topographische Karte der Bundesrepublik Deutschland in manchen Bundesländern).

Wenn Name des Kartenblattes (Hauptort im Blattausschnitt) nicht weiter hilft, Namen der Nachbarblätter suchen. Entweder an vier Rändern des Kartenausschnittes angegeben (z. B. Österreichische Karte 1 : 50 000) oder in Kartenskizze am rechten oder unteren Kartenrand bei der Legende (z. B. Carta d'Italia 1 : 50 000).

Weitere Hilfe durch politische Zuordnung (→ 2.1.2).

2.1.2 Orientierung auf der Karte

Topographische Karten meist eingenordet, d.h. oberer Kartenrand weist nach Nord. Angaben über Lage des Kartenausschnittes im *Gradnetz* (Längen- und Breitengrade) an vier Ecken des Ausschnittes angegeben. Kontrolle für Einnordung: läuft rechter/linker Kartenrand entlang Längengrad?

Niederländische Karten z.B. nicht exakt eingenordet. Besonderheit französischer Karten: neben herkömmlicher Gradeinteilung Dezimalgrade (mit Paris-Null).

Angaben über Nadelabweichungen für Interpretation meist nebensächlich. Wichtig aber Hinweise auf *Störgebiete*.

Beispiel: Blatt L 2522 Harsefeld, Angabe: „In der westlichen Hälfte des obigen Blattes ist allgemein mit örtlichen Schwankungen der Nadelabweichung bis $\pm\ ^1/_2°$ zu rechnen".

Nadelabweichung ist Winkel zwischen Gitter-Nord und Magnetisch-Nord.

Der besseren Orientierung auf der Karte dient *Gitter*, das entweder aufgedruckt oder am Rande angerissen ist. Bei vielen topographischen Kartenwerken vorhanden, vor allem auf Militärausgaben UTM-Gitternetz. Ordinaten des Gitternetzes nicht wie Meridiane in Nordrichtung gelegen. Gitter benachbarter Meridianstreifen treffen in spitzem Winkel aufeinander (WILHELMY/HÜTTERMANN/SCHRÖDER 1990, 81–82). Trotzdem zur schnellen Lokalisierung Angaben mit Gitterwerten (Hochwert und Rechtswert) nützlich. Zur Vermeidung von Verwechslungen Zahlen mit H bzw. R versehen (vgl. Abb. 2).

Für Karteninterpretation sowohl Gauß-Krüger-Gitternetz als auch UTM-Gitternetz als schnelle Orientierungshilfe sinnvoll. Vorteil von UTM: meist aufgedruckt und nicht nur am Rande angerissen.

Karten ohne Gitternetz im Nachteil: exakte Orientierung nur über Gradnetz möglich. Lokalisierungsangaben wie z.B. „2 km nordnordöstlich von Xhausen" vermeiden, da meist nur über den Umweg, Xhausen suchen zu müssen, möglich. Solche Angaben nur sinnvoll, wenn Xhausen von Bedeutung oder mehrfach genannt.

Politische Grenzen verschiedener Rangstufen meist auf Topographischen Karten selbst eingezeichnet, oft aber zusätzlich zur leichteren Lesbarkeit *Nebenkarten* beigefügt. Administrative Gliederung gibt Aufschluß über Zugehörigkeit des Kartenausschnittes (Orientierungshilfe), über hierarchische Verwaltungsgliederung einzelner Teile der Karte und über zentralörtliche Bedeutung der Verwaltungssitze.

Abbildung 2 siehe nächste Seite!

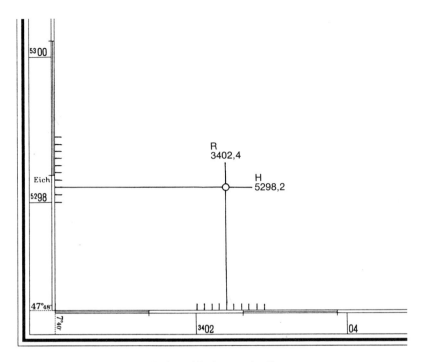

Abb. 2: Hoch- und Rechtswerte im Gitternetz.
Rechtwinkliges Gitternetz am Kartenrand angerissen. Vom Orientierungspunkt senkrechte Linien zum Kartenrand zeichnen, dort mit Hilfe von Planzeiger oder Lineal genauen Wert ablesen.
Beispiel: H 5298,2 / R 3402,4

2.2 Kartenlesen

2.2.1 Definition

Kartenlesen ist Fähigkeit, sich aus Karte ein Bild der abgebildeten Wirklichkeit machen zu können. Voraussetzung ist räumliche Vorstellungs- und Kombinationsgabe, Kenntnis der Legende und des Maßstabes sowie Orientierungsvermögen. Kartenlesen wird durch häufige Übung und Vertrautheit mit verschiedenen Kartenwerken vereinfacht. Kartenlesen ist Vorstufe der Karteninterpretation.

IMHOF unterscheidet feldmäßiges und allgemeines Kartenlesen. *Feldmäßiges Kartenlesen* ist Orientierung im Gelände mit Hilfe von Karten, *allgemeines Kartenlesen* ist Umdeuten des Kartenbildes in Naturvorstellungen. Karte dabei alleiniges Auskunftsmittel. Allgemeines Kartenlesen setzt somit allgemeine (nicht unbedingt spezielle, d. h. für die jeweilige Karte) Geländekenntnisse voraus. In der Regel ist für Karteninterpretation allgemeines Kartenlesen erforderlich, da sowohl in der Vorbereitungsphase wissenschaftlichen Arbeitens als auch im Examen und in der Ausbildung topographische Karten nur selten im Gelände interpretiert werden.

Arbeitskreis Kartennutzung hat Faltblatt „Tips zum Kartenlesen" herausgegeben (Druck: Landesvermessungsamt Baden-Württemberg).

2.2.2 Legende

Schlüssel für Lesen der Karte. Karten ohne Legende wenig sinnvoll und für Kartenlesen und Karteninterpretation von Nachteil.

Größter Mangel hervorragender *Schweizer Karten:* fehlende Legende. Enthalten lediglich Angaben über Maßstab, Äquidistanz der Höhenlinien, Berichtigungsstand, Projektion, Anschlußblätter und Herausgeber. Allgemeingültige Legende der Landeskarte der Schweiz 1:25 000, 1:50 000, 1:100 000 bei IMHOF und als Separatdruck der Eidg. Landestopographie, Wabern/Bern („Zeichenerklärungen der Landeskarten").

Österreichische Karten ebenfalls z. T. ohne Legende. Angaben über Maßstab, Berichtigungsstand, Anschlußblätter, Herausgeber. Allgemeingültige Legende der Österreichischen Karte 1:50 000 bei PASCHINGER.

Deutsche Karten meist mit ausführlicher Legende. Weitere Erläuterungen in MUSTERBLÄTTERn.

Legenden am Kartenrand angebracht. Schwierigkeit ausländischer Kartenwerke sind fremdsprachige Legenden (siehe Kap. 6), die bei Militärausgaben der NATO durch Dreisprachigkeit erleichtert wird. Legenden enthalten – entweder in Form von Linien-, Flächen-, Punktsignaturen, Symbolen oder Schrift-:

– Angaben über *Grenzlinien* verschiedener administrativer Rangstufe;
– differenzierte Angaben über das *Verkehrsnetz* nach verschiedenspurigen Eisenbahnen, unterschiedlichen Straßen und Wegen, Seilbahnen etc. Z. T. farbig hervorgehobene Straßen erleichtern meist verkehrsgeographische Interpretation, können aber auch zu stark dominieren;
– Erklärung der *topographischen Einzelzeichen,* schematische Angaben über Einzelobjekte ohne besondere Aussagen über Individualität des Objektes. Zwar manchmal Differenzierung, z. B. nach Kirchen mit 1 oder 2 Türmen; andere Angaben wie Stil, Alter, Höhe, Größe etc. aber nicht enthalten;
– Angaben über *Siedlungen* nach Schriftart und Schriftgröße für Ortsgrößenklassen. Abstrakte Zeichen nach Schwellenwertbildung. Besonderheit französischer Karten: exakte Einwohnerzahlen in Tausend in Karte eingezeichnet;
– Angaben über Signaturen für *Bodenbewachsung.* Hier verschiedene Kartenwerke von unterschiedlichster Differenziertheit. Wesentlicher Bestandteil der Bewertung topographischer Karten für Karteninterpretation;

- Erklärung der *Gewässer-* und *Höhenlinien;* häufig in Nebenskizze mit wichtigen Formen erläutert. Angaben über Äquidistanz der Höhenlinien wichtig. Weniger bedeutungsvoll für Karteninterpretation ist Höhenbezugspunkt, da absolute Höhenangaben verschiedener Bezugspunkte nicht so stark unterschiedlich sind und bei Interpretation eines Blattes eher relative Werte (Vergleiche auf einem Blatt) Rolle spielen. Bei Karten, die verschiedene Länder abbilden, allerdings beachten, ob gleicher Bezugspunkt für gesamten Kartenbereich gilt;
- Erklärung der *Abkürzungen.* Vor allem bei fremdsprachigen Karten hilfreich und notwendig.

Genaues Studium der Legende notwendig, vor allem für Einzelzeichen, Abstand der Höhenlinien, Bodenbewachsung. Neben der Legende oft Beikärtchen abgebildet (politische Zuordnung, Berichtigungsstand, Nachbarblätter etc.); erhöhen Informationswert der Karte und sollten nicht übersehen werden.

2.2.3 Schrift

Beschriftung wesentlicher Informationsträger für individuelle Aussagen der jeweiligen Karte. Symbolsignaturen sollen Karte von *übermäßiger* Beschriftung entlasten. Symbole international verständlich; Schrift setzt Sprachkenntnisse voraus.

Englische Karte 1:25 000 und 1:50 000 gutes Beispiel für großen Informationswert der Karte durch umfangreiche Beschriftung. Dadurch aber gleichzeitig schlechte Lesbarkeit, Information kann nur sehr umständlich und langsam gewonnen werden, selbst für Sprachkundige.

Platzmangel auf Karten läßt als erstes Schrift weichen; daher meist diese Informationen z. B. in dicht besiedelten Gebieten geringer, obwohl gerade dort wichtig. Orts- und Flurnamen wichtig für Rückschlüsse auf Genese, Stammeszugehörigkeit, Wüstungen, ehemalige Landnutzung etc.

Abkürzungen sollten allgemein verständlich oder erklärt sein. *Art der Schrift* meist von weiterer Aussagekraft.

Topographische Karten der Länder der BRD unterscheiden bei Siedlungsnamen nach Größe der Buchstaben und Schriftlage. Städte und Landgemeinden stehend, Gemeindeteile und Einzelsiedlungen vorwärtsliegend, Städte und Gemeindeteile von Städten Großbuchstaben, Landgemeinden und Gemeindeteile von Landgemeinden Groß- und Kleinbuchstaben; Einwohnerzahl aus Größe der Beschriftung erkennbar (→ MUSTERBLÄTTER), dabei Definition „Einwohner" der jeweiligen amtlichen Statistik beachten! Gewässernamen sind in der Regel rückwärtsliegend geschrieben.

2.2.4 Zahlenangaben

Meist auf Höhenangaben beschränkt, seltener für Einwohnerzahlen (z. B. französische Karten), auch für Numerierung von Fernverkehrsstraßen und als Bezifferung von Gitterkoordinaten (Vorsicht!) verwandt. Bei Höhenangaben in der Regel als Ergänzung zu Höhenlinien, notwendig in flachem Gelände oder bei zu großer Äquidistanz der Höhenlinien. Daneben für höchste und tiefste Punkte sinnvoll.

Bei deutschen Topographischen Karten Höhenangaben großer stehender Gewässer in blauer Farbe für mittleren Wasserspiegel, in schwarzer Farbe für tiefsten Punkt (Bodenhöhe). Bei Orten mittlere Ortshöhe in Klammern unter Ortsnamen. Vorsicht bei britischen Karten: Angaben manchmal in ft, manchmal in m.

2.2.5 Höhenlinien

Größte Schwierigkeit macht Lesen der Höhenlinien (Isohypsen).

Als fiktive Linien gleicher Meereshöhe in maßstabbedingtem Generalisierungsgrad Schnittlinien paralleler Ebenen (WILHELMY/HÜTTERMANN/SCHRÖDER 1990, 116–117). Vertikalabstand ist als Äquidistanz auf Karten angegeben. Unterscheidung von Zählkurven, Haupt-, Zwischen- und Hilfshöhenlinien durch Strichführung. Zählkurven müssen in ausreichendem Maß auf Karte Höhenangaben tragen. Aussagen über Zwischenräume der Höhenlinien nur zu machen, wenn durch Zahlen angegeben.

Nur teilweise Abstraktion durch relativ exakte (individualisierte) Angabe auf Höhenlinie selbst erschwert Lesen der Karte: jede Oberflächenform wird relativ individuell dargestellt. Typisierung muß meist vom Leser selbst vorgenommen werden.

Ausnahmen sind einige Oberflächenformen, die in der Regel durch Symbolsignaturen dargestellt werden, wie Erdschlipfe, Dolinen, Moränen, Gletscher, Felsen und auch Dünen; Kleinformen, die von Höhenlinien nicht erfaßt werden.

Geländeknicke meist nicht durch Höhenlinien zu erfassen: spezielle „Steilkanten"-Signaturen. Ebenso besonders steiles Gelände durch Felssignatur dargestellt.

Böschungen in deutschen Topographischen Karten durch Farbe unterschieden: braun für natürliche und schwarz für künstliche Böschungen.

Besonderheit bei *Hohlformen,* die als solche durch geschlossenen Isohypsenverlauf nicht sofort zu erkennen sind: Pfeile deuten in die von Höhenlinien umschlossene Hohlform hinein.

Uferlinien eines Stausees deuten höchsten Wasserstand an.

Höhenlinien und Tiefenlinien (Isobathen) häufig in unterschiedlichen Äquidistanzen und auch Maßeinheiten dargestellt. Nicht selten Anlaß für Fehlinterpretationen. Höhenliniendarstellung allein oft unzureichend für plastische Darstellung und somit gute Lesbarkeit. Wird wesentlich verbessert durch Schattenschummerung.

Schweizer Karten vorbildlich: Neben dreifarbiger Höhenliniendarstellung für erdige Böden (braun), felsige Böden und Schutthänge (schwarz) sowie Gletscher (blau; auch für Isobathen) Schattenschummerung mit grauen beschatteten und gelblich getönten beleuchteten Hängen. Ergibt ausgezeichnete plastische Darstellung neben hohem Informationswert für Karteninterpretation durch farbliche Differenzierung der Höhenlinien.

Bei älteren Karten *„Neigungsmaßstab"* in Beikärtchen angegeben, durch den man aus Horizontalabstand der Höhenlinien auf der Karte die Geländeneigung in Graden, in Prozent oder im Neigungsverhältnis (a°b';c%;1:d) ablesen kann. In Karteninter-

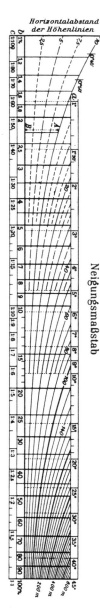

Abb. 3: Neigungsmaßstab für TK 50 (aus: Musterblatt).
Über Horizontalabstand der Höhenlinien voneinander kann Neigung in Graden (a), Prozent (b) und im Neigungsverhältnis (c) abgelesen werden, indem Horizontalabstand der Höhenlinien auf der Karte mit. Zirkel gemessen, Abstand dann in Abbildung eingepaßt und an entsprechenden Skalen Neigungsmaßstab abgelesen wird.
Beispiel: A−B = Horizontalabstand der Höhenlinien auf Karte, Höhenunterschied 10,0 m: Geländeneigung 1° 18 bzw. 2,3% bzw. 1:44

pretation wichtiges Hilfsmittel für schnelle Hangwinkelmessungen. Exakte Hangwinkelangaben sonst umständlich, meist genügen auch angenäherte Werte oder relative Angaben, z. B. über unterschiedlichen Steilheitsgrad im Verlauf eines Hanges oder im Vergleich verschiedener Hänge.

2.2.6 Messungen

Messungen der Karte als Entfernungs-, Höhen- und Flächenmessung notwendig. Entfernungs- und Flächenmessung nur möglich bei Maßstabangabe der Karte. Höhenmessung (→ 2.2.4 und 2.2.5), Hangwinkelmessung (→ 2.2.5).

Über Bestimmung des Maßstabes aus Karte ohne Maßstab siehe KOSACK.

Maßstab in Bruchzahlen und Längenmaßstab angegeben. Längenmaßstab (Skala mit Kilometer- oder Meilenangaben mit Unterteilungen) meist eingezeichnet, einfacheres Mittel zur Messung von Entfernungen. Projektionsbedingte Meßunterschiede für verschiedene Breitengrade oder ähnliches in Topographischen Karten für Karteninterpretation relativ unwichtig, da zu gering. Topographische Karten flächentreu.

Entfernung unproblematisch bei geradlinigen Abständen. Bei ungeradlinigen Abständen (z. B. Flußläufen) Zirkel, Meßrädchen oder einfachere Hilfsmittel wie Papierstreifen für Teilabschnitte verwenden und angenäherte Gesamtlänge durch Summe vieler Teilabschnitte ermitteln. Gekrümmte Strecken in Karten kleiner Maßstäbe (großer Maßstabszahl) infolge Generalisierung stets zu kurz dargestellt (IMHOF).

Flächen schwieriger zu ermitteln. Zunächst zur besseren Vorstellungskraft Klarheit über Gesamtfläche des dargestellten Kartenausschnittes verschaffen (abhängig von Lage des Kartenblattes). Flächenmessung mit Millimeterquadrat-Gitter, Zerlegung in Dreiecke oder am besten mit Planimeter. Zu Entfernungs- und Flächenmessungen s. ausführlich **II, 3.2**. Berechnungen flächen-, distanz- und raumbezogener Relationen →**II, 3.3**.

2.3 Analyse der Einzelelemente und Formengruppen

Die für Interpretation notwendige Analyse der Inhaltselemente der Karte und ihrer Beziehungen untereinander führt von Elementanalyse zur Komplexanalyse. Ähnlich geschieht in Synthese Darstellung der Komplexe durch Einzelelemente und ihre Beziehungen untereinander.

Tatsache, daß Einzelelemente innerhalb von Komplexen zu sehen sind, ist speziell für Analyse eine Hilfe bei der Suche nach sekundären Informationen. Ähnliche Funktion wie landeskundliches Vorwissen (→ 1.3); aber demgegenüber nur entweder aus Karte selbst zu holen, höchstens mit Hilfe der Kenntnis allgemeingeographischer Zusammenhänge. Somit systematischer, aber auch unsicherer, da Formengruppen und Komplexe gesucht werden, die vorhanden sein können, aber nicht sicher vorhanden sein müssen.

2.3.1 Elementanalyse

Geschieht über Lesen der Karte zur Deutung der einzelnen Formen als Objekten geographischer Forschung. Bei einzelnen Elementen bereits unterschiedliche Schwierigkeiten, wie beim Kartenlesen (→ 2.2) erläutert.

Einzelelemente, die durch Kartenlesen und Interpretation benannt werden können: z. B. Lage verschiedener Häuser einer Siedlung im Raum gibt Hinweis auf Haufendorf-(etc.-)Grundriß; Isohypsenverlauf kann als Kerb-(etc.-)Tal ausgelegt werden; Linienführung einer Straße deutet auf Umgehungs-(etc.-)Straße hin; usw.

Davon ausgehend ist so erkannter Geofaktor als Teil eines Geokomplexes einzuordnen. Schritt von Einzelelementanalyse zu Komplexanalyse bedeutet Suchen nach Beziehungen dieser Elemente bzw. Geofaktoren zu anderen und das Aufsuchen dieser anderen Geofaktoren.

2.3.2 Verbreitung einzelner Elemente

Zwischenschritt ist systematisches Erfassen der Verbreitung einzelner Geofaktoren. Damit erstens bereits regelhaftes räumliches Verhalten des Geofaktors, zweitens evtl. Rückschlüsse auf Beziehungen zu anderen Geofaktoren und drittens Möglichkeit räumlicher Differenzierung (→ 2.4) auf dem Kartenblatt aufgedeckt.

Beispiel: Verbreitung der Quellen auf Kartenblatt kann Häufung in bestimmten Arealen und Höhenlagen aufweisen: Hinweis auf Untergrund; evtl. Schichtquellen = Hinweis auf Wechsel des Gesteinsuntergrundes mit wasserdurchlässigen Schichten oberhalb und wasserundurchlässigen Schichten unterhalb des Quellhorizontes.

Verbindung unterschiedlicher Geofaktoren miteinander zu Geofaktorenkomplexen kann auffällig werden durch räumliche Korrelation, gleiche oder ähnliche Verbreitung. Durch Verbreitungsareale aufgedeckte mögliche Deutungen nachprüfen. Nur erste Beziehungen zu anderen Geofaktoren können hier geschlossen werden, einfache räumliche Korrelation ohne Beweiskraft.

2.3.3 Komplexanalyse

Entweder direkt aus Einzelelementanalyse oder über Weg der Verbreitung einzelner Elemente zur Komplexanalyse kommen.

Beispiel: Erkennen von Schichtstufenlandschaften möglich nach beiden Wegen:
1. Typisch ausgeprägte Hangform gibt mittels Isohypsenverlauf (über Hangneigungsmessung, → 2.2.5) Hinweis auf möglichen Stufenhang: sanfter Sockel, steiler Oberhang, evtl. gestuft mit zwischenliegenden Verebnungen. Von da ausgehend andere Elemente der Schichtstufenlandschaft suchen.

2. Oben zitierte Quellen werden über Analyse des Verbreitungsareals als Schichtquellen gedeutet. Als Element der Schichtstufenlandschaft möglich, somit Suche nach anderen Elementen der Schichtstufenlandschaft.

Prinzip, daß Geofaktoren selten ohne weiteren Bezug zu anderen Geofaktoren stehen und somit meist als Geofaktorenkomplexe auftreten, ist bei der Analyse Hilfe zur Suche anderer Geofaktoren, die so mit bereits gefundenen in Verbindung stehen, und Hilfe zur Suche solcher Komplexe. Damit wird wesentliche Aufgabe der Karteninterpretation erfüllt. (→ 1.1).

2.3.4 Singularitäten

Dennoch auch Einzelelemente als Singularitäten möglich. Als Singularität könnten vereinzelte, für das Grundgefüge z. B. einer naturräumlichen Gliederung nicht wesentliche, aber auffällige landschaftliche Erscheinungen angesprochen werden, z. B. vulkanische Erhebungen in einer sonst nicht durch vulkanischen Formenschatz bestimmten naturräumlichen Einheit.

Je nach geographischem und auch nach kartographischem Maßstab sollten aber auch hier Verbindungen dieses Faktors zu anderen im Sinne eines kleinräumlichen Komplexes aufzudecken sein. Für kleinmaßstäbige räumliche Einheit aber durchaus als „Singularität" anzusehen.

Somit kann räumliche Differenzierung des Kartenblattes neben Geofaktorenkomplexen auch in einzelnen Fällen Singularitäten aufweisen.

2.4 Raumgliederung

Willkürlicher Kartenausschnitt fast nie vollständige oder alleinige Abbildung einer bestimmten räumlichen Einheit (→ 1.2.5). Raumgliederung muß vom Interpreten vorgenommen werden. Normaler Weg (z. B. im Gelände): von Einzelelementanalyse über Komplexanalyse bis zur Raumgliederung in räumliche Einheiten größerer Ordnung. Oft bei Karteninterpretation aber sehr schneller anfänglicher Überblick über große Raumeinheiten des Kartenblattes. Haupteinheiten meist spontan erkannt, danach zu untergliedern (FEZER) mit Hilfe bei Komplexanalyse erzielter Geofaktorenkomplexe und deren Einheiten. In Komplexanalyse treffen sich somit zwei unterschiedlich gerichtete Wege: Zusammenfassung von Einzelelementen zu Komplexen und Untergliederung des Kartenblattes nach größeren Raumeinheiten, die durch Geofaktoren und Geofaktorenkomplexe belegt werden.

Beispiel: Blatt Goslar L 4128, 1 : 50 000: offensichtlicher Unterschied zwischen Harz im südlichen Teil des Kartenblattes und Harzvorland. Belegbarkeit mittels Geofaktoren, ihrer Verbreitungsareale und der Geofaktorenkomplexe. *Harz:* fast durchgehende Bewaldung, Mulden- und vor allem Kerbtäler. Mehrere Stauseen, „Harzstädte", Erholungskomplex Oker-Stausee (Siedlung, zahlreiche Wirtshäuser, Verkehrserschließung rund um den See und gute Zufahrtstraßen etc.). Dagegen *Harzvorland:* landwirtschaftliche Nutzung, breite Kastentäler, hohe Siedlungsdichte, Haufendörfer, „Harzrandstädte", Komplexe, z. B. Industriestadt Oker mit 2 chemischen Fabriken, 2 Zinkhütten, 1 Kalkwerk, Eisenbergbau, zahlreichen weiteren Fabriken und Halden, vielfältigen Eisenbahnanschlüssen etc., oder Kurort Bad Harzburg mit Kurhaus, mehreren Wirtshäusern, lockerer Bebauung, z. T. großen Gebäudekomplexen: Sanatorien/Hotels/o. ä.

2.4.1 Grenzgürtelmethode

Sinnvolle Methode zur Raumgliederung in Raumeinheiten, vor allem bei „schwierigen" Karten.

Grenzgürtelmethode schon lange in Geographie gebräuchlich. Bereits PASSARGE (1908), vor allem MAULL (1915 und später). Kritische Betrachtung unter geographischen und kartographischen Gesichtspunkten in leicht lesbarem und gut zugänglichem Aufsatz von WITT (1970). Grenzgürtelmethode arbeitet ähnlich wie statistische Methode der Merkmalkombination. Vorteil aber Sichtbarmachung räumlicher Zusammenhänge. Grenzgürtelmethode auch wegen ihrer relativ einfachen Durchführbarkeit (z. B. gegenüber ähnlich sinnvoller Faktorenanalyse) für Karteninterpretation geeignet.

Verbreitungsareale bedeutungsvoller Geofaktoren und Geofaktorenkomplexe werden auf transparente Zeichenträger übertragen. Übereinanderdecken verschiedener Karten führt zum Vergleich räumlicher Verbreitung einzelner Faktoren (wie bereits als Zwischenschritt zur Komplexanalyse angegeben → 2.3.2). Zusammenfallen verschiedener Elemente in Kernräumen; zwischen Kernräumen Grenzsäume und Grenzgürtel. Mehr oder weniger dichte Scharung von Grenzlinien der Verbreitungsareale einzelner Geofaktoren und Geofaktorenkomplexe bezeichnet rasche oder langsame Änderung der Merkmale beim Übergang in Nachbargebiet. Auf einen Blick somit Anzahl der verschiedenen Raumeinheiten (Kernräume), der sie ausmachenden Geofaktoren und evtl. Geofaktorenkomplexe, Art und Breite der sie trennenden Grenzsäume, der in den Grenzsäumen dominierenden Geofaktoren und der für mehrere Raumeinheiten sowie die dazwischenliegenden Grenzsäume typischen Elemente. *Grenzgürtel:* Randgebiet einer Region, die durch mehr oder weniger große Anzahl von charakteristischen physischen, sozioökonomischen, kulturellen und historischen Erscheinungen geprägt wird und sich durch diese von benachbarter Region mit anderen für sie typischen Erscheinungen und Erscheinungsformen unterscheidet (WITT). Wichtig ist Auswahl der als charakteristisch angesehenen Bestimmungsmerkmale. Wechselt von Region zu Region, abhängig von Zweck der Untersuchung. Aussagewert der einzelnen Merkmale unterschiedlich. Überprüfen, was jeweils dominant. Dadurch einfache Merkmaladdition nur beschränkt möglich. Weitere Gefahrenquellen: begrifflich-inhaltliche Überschneidung der Merkmale kann zu Doppelbewertung eines Faktors führen. Merkmale so auswählen, daß jedes weitere vorhergehendes Merkmal in Aussage ergänzt und evtl. neue Aspekte hinzufügt.

Begrifflich-inhaltliche Überschneidungen z. B.: Höhenverhältnisse spiegeln sich in Niederschlagsmenge wider, Klimagrenzen in landwirtschaftlichen Ertragsgrenzen, Stammesgrenzen in Dialektgrenzen etc. (WITT).

Bei Grenzgürtelmethode *beachten:* keine willkürliche Verknüpfung der Merkmale – sinnvolle Geofaktorenkomplexe sollten dahinter stehen; Widersprüche oder Doppelbewertungen durch sich überschneidende Merkmalreihen vermeiden; Dominanz einzelner Faktoren für jeweilige Fragestellung herausstellen; räumliche Korrelation hat keinerlei Beweiskraft für Abhängigkeiten.

Je nach Maßstäben schrumpft Grenzgürtel auf annähernde Grenzlinie zusammen.

Grenzlinien ansonsten nur für Verbreitungsareale einzelner Geofaktoren anzunehmen. Bereits dabei problematisch je nach Geofaktor. Wo z. B. Grenze für Verbreitung von Einzelhofsiedlungen und Gruppensiedlungen auf topographischen Karten anzulegen? Aber auch Grenzlinien der Verbreitung des Waldes auf topographischen Karten bereits stark generalisiert gegenüber Wirklichkeit. So müssen auch andere Grenzlinien der Verbreitung einzelner Geofaktoren angenähert werden.

Grenzgürtelmethode kritisch angewandt hervorragendes Mittel bei Analyse des Kartenblattes und seiner Aufteilung in Raumeinheiten. Somit aber bereits ein Mittel der Synthese, der Zusammenfassung einzelner Elemente zu Gruppen.

2.4.2 Andere Methoden

Arbeiten im Prinzip meist ähnlich, wenngleich nicht so klar nachvollziehbar.

Raumgliederung z. B. auch möglich nach einer Untergliederung des Kartenblattes in *naturräumliche Einheiten* und in *Kulturräume*. Probleme ähnlich wie bei Grenzgürtelmethode in Abgrenzung der Räume nach Merkmalskriterien. Hierbei allerdings von vornherein Thematik und Zielsetzung der Raumgliederung genannt und damit Dominanz der physisch-geographischen bzw. anthropogeographischen Faktoren. Kann von Vorteil sein. Eignet sich besonders für Interpretation unter Problemstellung „Inwertsetzung des natürlichen Potentials durch den Menschen" im Bereich des jeweiligen Kartenblattes. Allerdings Gefahr der Gegenüberstellung Naturraum-Kulturraum in Versuchen, in zu starkem Maße Abhängigkeiten zwischen unterschiedlichen Integrationsstufen eines Geokomplexes zu suchen und zu „finden" (Determinismus).

Politische Grenzen eignen sich meist nur schlecht zur Raumgliederung unter geographischen Gesichtspunkten. Nur unter spezieller Zielrichtung der Interpretation nehmen politische Grenzen für Raumgliederung überragende Bedeutung an; z. B. unter Thematik „Politische Geographie", wenn sie Räume verschiedenen politischen Verhaltens abgrenzen, was sich auf Karte widerspiegeln kann. Ansonsten je nach Ausprägung der Grenzen und der unterschiedlichen politischen Einflüsse in den dargestellten Räumen nur *ein* Geofaktor unter anderen mit wechselnder Bedeutung.

2.4.3 Problematik der Raumgliederung

Liegt in Unterteilung eines Kontinuums nach jeweils wechselnden Kriterien und wechselnder Dominanz einzelner Geofaktoren. Grenzziehung bedeutet in meisten Fällen nicht nur Trennung verschiedener Raumeinheiten, die sich durch charakteristische Erscheinungen auszeichnen, sondern auch Aufdecken einer Kontaktzone zwischen Räumen mit jeweils unterschiedlichem Verhalten und unterschiedlicher Ausstattung. Gerade in *Grenzsäumen* finden Beziehungen der Räume untereinander Niederschlag im Siedlungs- und Wirtschaftsbild.

Oben genannte „Harzrandstädte" oder „Pfortenstädte" der Schwäbischen Alb mit Austauschfunktion zwischen unterschiedlichen Großräumen. Auch in anderem Maßstab oft festzustellen: Siedlungsband am Rande Geest/Marsch oder Aufreihung von Dörfern auf Rand der Niederterrasse zur Flußaue in manchen Regionen.

Mit Austauschfunktion werden auch über Grenzsaum hinausgehende Beziehungen der Räume untereinander angesprochen. *Wichtig:* Raumgliederung darf nicht auf Einteilung des Kartenblattes in verschiedene Raumeinheiten beschränkt sein, sondern muß vielfältige Beziehungen aufzeigen, die über Grenzen verschiedenster Rangstufe hinausgehen. Kann zur *Hierarchie räumlicher Einheiten* führen, wenn Raumeinheiten als unterschiedlich bewertet werden.

Wichtige Beziehung, die zwischen verschieden ausgestatteten Räumen Rolle spielt: Nah- und Fernerholung, Fremdenverkehr. Hierarchie durch Bewertung Aktiv-/Passivräume; Verdichtungs- und Ballungsräume gegenüber landwirtschaftlichen Entleerungsräumen; auch System zentralörtlicher Beziehungen einer dominanten Siedlung zu ihrem Umland, das aus verschiedenen Raumeinheiten bestehen kann; räumliche Ordnungsprinzipien verschiedener Raumeinheiten wie nach v. THÜNEN etc.

Neben Raumaufgliederung in charakteristische Raumeinheiten muß so *Bewertung* der Raumeinheiten, *Beziehungen* der Räume untereinander, *Hierarchie* räumlicher Systeme stehen.

3 Analyse und Interpretation von Inhaltselementen der Karte

3.1 Einführung: Methodische Hilfen und Arbeitsschritte

Kapitel 3 soll Hilfestellung zur Analyse und Interpretation von Inhaltselementen der Karte geben. Schlüssel für Gesamtinterpretation, von vielen als die eigentliche Interpretation angesehen. Hier gewonnene Ergebnisse müssen dann noch sachgerecht dargestellt werden (→ 4). Ohne korrekte Analyse und Interpretation der Inhaltselemente, und zwar der Einzelelemente und der Komplexe, allerdings auch bei bestem methodisch-theoretischen Hintergrund keine Karteninterpretation.

Abb. 4 gibt in einfacher Form ein Raster von Grundfragestellungen, die sowohl zum Verständnis der jeweiligen Einzelphänomene als auch zur Erkenntnis von Zusammenhängen beitragen. Abfolge *Beschreibung, Benennung, Erklärung, Prognose, Wertung* sinnvollerweise einzuhalten; dem läßt sich Studium der Legende, Lesen der Karteninhalte, Karteninterpretation als *Komplexanalyse* und Karteninterpretation als *Potentialanalyse* zuordnen.

Lesen topographischer Karten (2.2) ermöglicht *Erfassen* (Erkennen) der Verbreitung bestimmter Geofaktoren und Geofaktorenkomplexe nach Art, Häufigkeit und Größenordnung. Erkannt werden kann nur, was bereits verstanden ist. Verstehendes Erkennen geographisch relevanter Faktoren durch systematische Ausbildung in Geographie zu erlernen.

Auf Erkennen folgt (vgl. BARTEL) *Beschreibung* der Geofaktoren und Geofaktorenkomplexe, ihrer Verbreitung, Häufigkeit und Größenordnung. Dazu ist sicherer Gebrauch und somit Verständnis der geographischen Fachterminologie notwendige Voraussetzung. Es genügt nicht, Schichtstufenlandschaften erkennen zu können, man muß sie und die sie ausmachenden Einzelelemente auch korrekt benennen können. Geographische Fachterminologie ebenfalls durch systematische Ausbildung in Allgemeiner Geographie zu erlernen.

Dritter Schritt ist *Erklärung* des Formenschatzes, seiner Verbreitung, Häufigkeit, Größenordnung, der funktionalen Zusammenhänge und der Genese. Funktionale Zusammenhänge sind sowohl Vorwärts- als auch Rückwärtsbindungen, Abhängigkeiten von und Einflüsse auf andere Faktoren. Gerade diese geographischen Probleme nur aufgrund geographischen Problembewußtseins zu erklären. Zu Terminologieverständnis und -gebrauch kommt Einblick in Struktur, Funktion und Genese der geographischen Substanz.

Abschließender Schritt, *Darstellung* (→ 4), muß auch aus Beschreibung und Erklärung des Formenschatzes, seiner Verbreitung, Häufigkeit, Größenordnung, der funktionalen Zusammenhänge und der Genese bestehen.

Nach oben genannten Vorbedingungen für fachgerechtes Erkennen, Beschreiben, Erklären müßte somit Kapitel 3 Kurzlehrbuch der gesamten Allgemeinen Geographie bzw. dessen sein, was aus Allgemeiner Geographie in topographischen Karten abge-

	Verständnis des Einzelphänomens →			
	was/wieviel/wo…?	*wie/warum…?*	*wie wird…*	*wie sollte…?*
	Beschreibung/Benennung	**Erklärung**	**Prognose**	**Bewertung**
Individuelle Einstiegsfragen (Beispiele)	was wird untersucht; welche Eigenschaften/Erscheinungen/ Verhaltensformen hat es? wie heißt es in der Fachsprache	wo sind die Objekte; wieviel gibt es? wie sind sie verteilt?	wie sind die Objekte räumlich strukturiert und wie sind ihre (System-)Beziehungen zueinander: gibt es Zusammenhänge? = gibt es Zusammenhänge zwischen Systemordnung und Raumstruktur?	welche Bedingungen und Prozesse haben die Entstehung der Standorte/Verteilungen/Strukturen/Systeme verursacht?	wie werden sich die räumlichen Strukturen verändern? wie werden Menschen auf die räumlichen Strukturen einwirken? welche Trends und Entwicklungen sind wahrscheinlich?	wie sollten räumliche Organisationsformen aussehen? wie sollten räumliche Potentiale genutzt werden? wie wirken sich alternative Entscheidungen aus?
	1	2	3	4
	Objektebene (bes. räuml. Aspekte)		**Struktur/Funktion/Genese**	**Potential/Dynamik**	**Werte/Normen**
Konzeptionelle Ebene	Natur- und Kulturobjekte mit ihren Eigenschaften und ihren Umweltbedingungen	Standorte Verteilungen, Muster Räumliche Vergesellschaftungen	– Räumliche Organisationen – Systeme – Räumliche Komplexe – Regionen	– Naturprozesse – Mensch-Umwelt-Beziehungen – Räumliche Interaktion – Umweltwahrnehmung – Entscheidungsverhalten	– Räumliche Interaktion – Naturprozesse – Umweltpotential-Bewertung – Mensch-Umwelt-Beziehungen – Umwelt-("Raum-") Planung – Entscheidungsverhalten	– Lebensqualität – Umweltqualität – Räumliche Gerechtigkeit – Entscheidungsverhalten

Erkenntnisse von Zusammenhängen →

Erläuterungen: 1 = Studium der Legende
2 = Kartenlesen
3 = Karteninterpretation als Komplexanalyse
4 = Karteninterpretation als Potentialanalyse, wertende Planung

Abb. 4: Frageraster zur Auswertung von Karten

bildet sein kann. Solcher Anspruch unmöglich zu erfüllen, Kapitel 3 daher als Fragment anzusehen, bei dem Schwerpunkt gebildet wurde. Kann insgesamt nur *Anregung* sein,

- eigene Kenntnisse und Fähigkeiten aus Allgemeiner Geographie in der topographischen Karte *zu überprüfen,*
- aus Bedürfnissen der Interpretation topographischer Karten Kenntnisse und Fähigkeiten der Allgemeinen Geographie *zu erweitern,* vor allem in Bezug auf das, was aus Allgemeiner Geographie für Karteninterpretation benötigt wird.

Weiteres *Problem:* Je höher einzelner Geofaktor bzw. Geofaktorenkomplex in Integration aller Geofaktoren zu räumlichen Systemen steht (Rangfolge: anorganisch, organisch, geistbestimmt), desto mehr Abhängigkeiten und Einflüsse machen das funktionale Gefüge aus. Damit wird Erklären schwieriger. Dazu kommt, daß gerade Geofaktoren höheren Ranges auf topographischen Karten mit weniger primären Informationen versehen werden. Im anorganischen Bereich größte Vielzahl an Informationen für einen Teilbereich der Physischen Geographie: der Geomorphologie. Oberflächenformen durch Isohypsen, Schraffen, Schummerung, z. T. Namen oder detaillierte Symbolsignatur dargestellt – fast jede Oberflächenform zu erkennen, selbst in individueller Ausprägung. Dagegen z. B. für Industrie auf deutschen Topographischen Karten Schriftzusatz über Art der Industrie nicht zulässig (MUSTERBLATT TK 100 S. 9: „Der erläuternde Schriftzusatz soll keinen Aufschluß über den Industriezweig geben"). Einzige *Hilfe:* fundierte Kenntnisse aus der Allgemeinen Geographie, vor allem der funktionalen Vorwärts- und Rückwärtsbindungen der Faktoren. Oft kann dabei nur Vielzahl von Möglichkeiten zur Interpretation angeboten werden.

Mit Hilfe der einfachen Fragestellungen (Abb. 4) kann Karte systematisch durchmustert werden (Abb. 5). Reihenfolge der zu analysierenden und interpretierenden

Abb. 5: Arbeitsgang der Kartendurchmusterung

1. **Feststellung des Maßstabs und Einordnung des Kartenblatts in größeres Kartenwerk**
2. **Einordnung des Kartenblatts in Grad- und Gitternetz nach Randangaben**
3. **Feststellung der landschaftlichen und politischen Zugehörigkeit des dargestellten Gebietes**
4. **Relief**
5. **Gewässernetz**
6. **Klima**
7. **Pflanzenkleid**
8. **Siedlungen**
9. **Wirtschaft**
10. **Verkehrsnetz**
11. **Landschaftliche Zusammenschau**
12. **Heranziehung ergänzender Karten, Pläne, Skizzen, Erd- und Luftbilder**

Einzelelemente während der Analyse wahrscheinlich am günstigsten nach „Länderkundlichem Schema" (→ 4.3.1). Bietet beste Garantie dafür, daß nichts ausgelassen wird, und baut auf sinnvoller stufenweiser Integration der Geofaktoren auf. Selbstverständlich auch andere Methoden brauchbar (→ FEZER). „Länderkundliches Schema" am unverfänglichsten für Analyse, auf keinen Fall aber bei der Darstellung von ähnlichem Wert (4.3).

Bei Erarbeitung der Interpretation eines gesamten Kartenblattes sollte Vorgehen nach *Sachbereichen* (Durchmusterung des ganzen Blattes) oder nach *Raumeinheiten* unterschieden werden (Abb. 6). Gewählter Weg richtet sich nach Raumstruktur der Karte.

Abb. 6: Erarbeitung einer Karteninterpretation

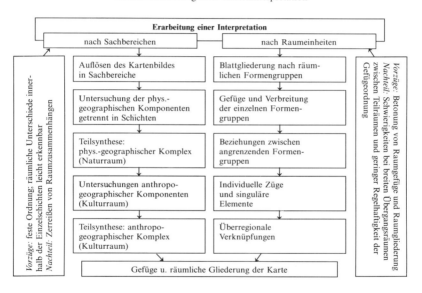

Da für *Kapitel 3* Grundkenntnisse aus der Allgemeinen Geographie vorausgesetzt werden, wurde Stoff *nach systematischen Sachbereichen aufgegliedert.* Ohne Zweifel wäre Vorgehen im Sinne eines Bestimmungsbuches sinnvoll: von einzelnen Darstellungselementen ausgehend Verzweigungen für Lösung bieten. Dieser Weg brächte aber unnötige Kompliziertheit mit sich und würde vor allem bei den vielen nichteindeutigen Aussagen ungeheuren Aufwand bedeuten bzw. mit zahlreichen losen Enden bleiben. Jeweils einleitende Bemerkungen sollen dazu dienen, einige Wege zum Aufsuchen der entsprechenden Formen aus dem Kartenbild zu erleichtern. Danach wird der Formenschatz im einzelnen beschrieben und z. T. in seinen Vorwärts- und Rückwärtsbindungen erklärt. Hier soll Interpret dann Auswahl treffen, ob Darstellung mit dieser Interpretation des Formenschatzes zutrifft. Aufzeigen des Formenschatzes mit allen seinen Elementen, vor allem der komplexeren Formen, soll auch dazu dienen, nach weiteren Elementen, die hier genannt werden, im Kartenblatt zu suchen, wenn man Form aus einzelnen Details herausgefunden zu haben glaubt: Hinweise auf Ergänzungen bei fehlender Beweiskraft. Denn: jeweilige Analyse und Interpretation durch nur ein oder wenige Indizien muß durch andere belegt und erklärt werden.

3.2 Oberflächenformen

3.2.1 Vorbemerkung (→II, 4.2.2)

Betrachtung einer Karte unter geomorphologischen Gesichtspunkten guter Ausgangspunkt für Analyse. Zunächst über allgemeine Höhenverhältnisse, Abdachung des Geländes, Reliefenergie etc. Klarheit verschaffen. Gibt ähnlich wie bei physiognomischer Analyse einer Landschaft Überblick über Art der Gestaltung der Erdoberfläche, über Oberflächenformen. Von da ausgehend, je nach Kartenwerk und Maßstab, detailliertere Analyse des Formenschatzes unternehmen, immer im Auge behaltend, daß nicht ein Geofaktor allein Selbstzweck der Betrachtung sein sollte, sondern daß stufenweise Integration der Geofaktoren Gesamtbild der Landschaft ergibt. Erwähnenswert dabei vor allem typische Formenelemente, die einen Raum vor anderen auszeichnen.

Darstellung der Oberflächenformen auf Karten in erster Linie durch Isohypsen, aber auch durch Schraffen z. B. bei Kleinformen, die durch Isohypsen nicht erfaßt werden, durch Felssignatur für steile Kanten und schroffe Grate sowie durch spezielle Signaturen z. B. für Dolinen. Nach HEMPEL (1958) sogar die deutsche Topographische Karte 1:25 000 für exakte Aussagen über Einzelformen nur bedingt geeignet, vor allem für genaue Abgrenzung und Randgestaltung auch von Großformen. Derart genaue Lokalisierung von Einzelformen nicht unbedingt notwendig. Vielfacher geomorphologischer Formenschatz wenigstens in Andeutungen in seiner Art und Verbreitung durchaus analysierbar und interpretierbar.

Große Hilfe für morphologische Analyse sind „hydrographisch-morphologische Auszüge" z. B. der deutschen Topographischen Karte 1:50000. Liegen für verschiedene Blätter vor.

Formenschatz zunächst grob unterteilbar nach *Talformen, Ebenheiten, glazialen Formen, Karst, Vulkanismus* und *Küstenformen*. Innerhalb dieser Großeinteilung detaillierter Formenschatz zu suchen, aus einzelnen Hinweisen nach anderen Elementen suchen, die komplexe Formen ausmachen. Hier meist Formen und Formenkomplexe mit den sie ausmachenden Einzelelementen unter oben genannten Gruppen zusammengefaßt.

3.2.2 Talformen

Täler aus Talhängen (Isohypsenscharung parallel zum Verlauf des Tales) und meist aus Talböden bestehend (weniger Isohypsen, quer zum Verlauf des Tales angeordnet). Im

Talboden werden längsverlaufende Isohypsen zu quer das Tal schneidenden; je nach Talform und Ausbildung des Talbodens hier bereits erste Typisierung: gerundet verlaufende, stark geknickte, ein- oder zweifach geknickte *Isohypsen*.

Weitere Typisierung der Talformen durch Querschnitt, *Querprofil* (→ 5.3.1). Längsverlauf eines Tales im *Längsprofil* (→ 5.3.2) gibt individuellere Erscheinung des Tales wieder. Aber auch hier Typisierung. Einzelne Täler im Längsverlauf untersuchen, an verschiedenen Stellen Querprofile anlegen. Dritte Untersuchungskategorie: oberflächlicher Verlauf der *Entwässerungsrichtung*.

Physiognomisch unterschiedliche Talformen durch unterschiedlichen Gesteinsuntergrund, unterschiedliche Wassermenge, Geschwindigkeit des fließenden Wassers und unterschiedliches mitgeführtes Material. Daraus ergibt sich unter anderem eine Abfolge verschiedener Talformen im Längsverlauf eines Tales (z. B. Mulde oben, Kerbe tiefer, dann wieder evtl. Mulde oder Kasten etc.), variiert durch oben genannten unterschiedlichen Gesteinsuntergrund (z. B. Durchbruchstäler).

Wichtig: Unterscheidung 1. *Trockentäler/Täler mit Wasserführung*. Beim Zusammentritt zweier Täler: Niveaus der beiden Täler gleich hoch (Mündung ohne Geländestufe) oder in verschiedenen Niveaus (Hängetäler – meist in glazial überformten Gebieten: Hochgebirge. Dort ebenfalls Sonderform Trogtal, → unten).

Nach der Lage zum Streichen der Gebirge (bes. Faltengebirge, z. B. auch Faltenjura) 2. *Längs-* und *Quertäler* unterscheiden.

Weiterhin 3. *tektonische Täler* von *Erosionstälern* unterscheiden: Verlauf tektonischer Täler auf Störung der Gesteinslagerung zurückzuführen. An geradlinigem Verlauf, unmotiviertem Knick, großräumig gleicher Entwässerungsrichtung (tektonische Leitlinien → unten) zu erkennen. Erosionstäler dagegen allein durch schürfende Kraft des Wassers geschaffen.

Formenschatz

a) Querprofil

— *Muldental:* konkav geformte Hänge. Isohypsen im Querprofil des Tales oben gedrängter als unten; im Verlauf der Isohypsen runde Linien. Zu finden: am Oberlauf der Flüsse; in weniger widerständigen Gesteinen. Eher besiedelt als ein Kerbtal. Oft breite Wiesenflächen in der Talsohle (Abb. 7).

— *Kerbtal:* steile, manchmal konvexe Hänge. Isohypsen im Querprofil des Tales mehr oder weniger gleichmäßig verteilt; im Verlauf der Isohypsen Knick beim Richtungswechsel (fällt zusammen mit Bach, Abb. 8).

— *Kastental:* ebener Talboden auf Karte vom „Sohlenkerbtal" kaum zu unterscheiden. Isohypsen haben zweifach angedeuteten Knick, dazwischen Bachverlauf. Im Talboden mehr oder weniger parallele Isohypsen; siedlungsfreundlich, Verkehrswege (Abb.

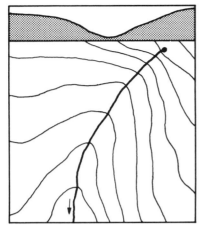

Abb. 7: Muldental (ca. 1 : 50 000)   **Abb. 8:** Kerbtal (ca. 1 : 50 000)

Abb. 9: Kastental (ca. 1 : 50 000)   **Abb. 10:** Talasymmetrie (ca. 1 : 50 000)

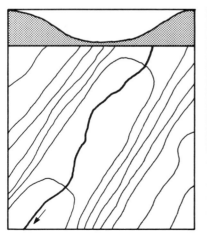
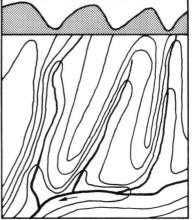

- *Klamm:* meist Hochgebirge. Hartes Gestein. Steile Form. Oft Felssignatur zusätzlich zu Isohypsen. Durchschneidung von Konfluenzstufen; Einmündung der Nebentäler in die Haupttäler. Siedlungsfeindlich.
- *Trogtal, Hängetal* (→ unten).

Besonderheiten des Querprofils

Asymmetrien: Sind die beiden Talhänge unterschiedlich in ihrer Steilheit, d. h. im Neigungswinkel, liegen asymmetrische Täler vor (Abb. 10).

Karte: unterschiedliche Dichte der Isohypsen im Querprofil des Tales. *Deutung* der Asymmetrie u. a.:
- durch *Mäandrieren:* Prallhang-Gleithang,
- durch *periglaziale Solifluktion,*
- durch Schwemmkegel von Nebenflüssen *abgedrängter Fluß* (Wirkung wie beim Mäandrieren),
- durch *Schichtlagerung* (Fluß „rutscht auf Schichtfläche ab"),
- durch *Lößablagerung* auf einer Talseite (im Windschatten).

Weitere Hinweise für jeweilige Deutungen suchen!

Terrassen: als Verebnungen im Talquerprofil zu erkennen. Terrassen sollten über einige Entfernung im Längsverlauf des Tales sowie möglichst im gleichen Niveau auf beiden Talseiten zu finden sein, wenn auch nicht notwendigerweise ohne Unterbrechung. Ehemalige Talböden auch im Umlauftal. Steilrand evtl. im Längsverlauf des Tales eingezeichnet.

Zerschneidungsreste ehemaliger Talböden entstanden durch:
- Hebung (Tektonik)
- verstärkte Wasserführung in warmen Zeiten des Pleistozäns
- Meeresabsenkung

Neben diesen Zerschneidungsresten ehemaliger Talböden, also Flußterrassen, noch schichtstrukturbedingte Terrassen und Rumpfterrassen feststellbar.

Terrassentypen schon allein wegen ihrer Größenordnung unterschiedlich gut nachzuweisen (Maßstab!); besonders gut: Schotterterrassen der „Niederterrasse".

b) Längsprofil (→ 5.3.2)
Längsprofil von Quelle bis Mündung für jeden Fluß unterschiedlich. Neben Mündung lokale Erosionsbasen möglich: *Abweichungen* von angestrebter Normalgefällskurve (Parabel: starkes Gefälle im Quellgebiet, allmählich zur Mündung hin auslaufend) u. a. zu deuten (WILHELMY 1972, WILHELMY, BAUER, FISCHER 1990) als:

- tektonische Stufen (Hebungsstufen),
- Härtestufen (Gesteinswechsel),
- Laufverkürzungen (z. B. Abschnürung eines Mäanderbogens),
- Blockierung des Flußlaufs durch Bergsturzmassen,
- Querung leichtausräumbarer Kluftzonen oder Lavaströme,
- eiszeitliche Überformung (glaziale Übertiefung, Konfluenzstufe der Nebentäler).

Führt in Extremen zu Wasserfällen, Kaskaden, Stromschnellen oder Katarakten. Bei starkem Gefälle schnellere Strömung, kälteres und sauerstoffreicheres Wasser, Transport gröberen Gerölls.

Versickert ein (meist kleiner) Fluß, ist das auf europäischen topographischen Karten Hinweis auf Übergang von undurchlässigem zu durchlässigerem Gestein, meist Schotter eines Hauptflusses. Wasser erreicht Hauptfluß im Grundwasser.

c) *Mäander* (oberflächlicher Verlauf)

Als Flußschlingen freie und gebundene Mäander möglich. *Freie Mäander:* schwingender Verlauf des Gewässers auf breiter Talsohle, *gebundene Mäander* dagegen als festgeschriebene Talformen. Nicht nur Fluß schwingt, ganzes Tal hat Mäander-Verlauf. Messung von „Wellenlänge" freier Mäander nach FEZER (1974, 24–26): Entfernung zweier Punkte mit der gleichen Richtung innerhalb der Schleifen. Danach Bestimmung der Hochwassermengen. Zwangsmäander dagegen fixiert, solche Messungen von genetischem Interesse. Setzen meist Hebung des Untergrundes voraus.

Asymmetrisches Profil mit Gleit- und Prallhang. Mäander auch durch wechselseitiges Auftreten von Schwemmkegeln veranlaßt: unregelmäßige Flußschleifen.

Durch Mäandrieren können Umlaufberge und Altwässer entstehen.

Umlaufberg: entsteht beim Durchbruch von Mäanderhälsen. Im Fluß herrscht am Stück der Durchschneidung verstärkte Flußunruhe, höhere Fließgeschwindigkeit, Katarakte (Name: Lauffen am Neckar; Mühlen!). Umlaufberg selbst einzeln, ehemalige Mäanderschlinge heute meist trocken oder nur z. T. mit Fluß.

Vorsicht: Umlaufberg nicht mit Durchbruchsberg (Sehnenberg) verwechseln.

Umlaufberg: nur 1 Fluß beteiligt (Mäander, Abb. 11).

Durchbruchsberg: 2 Flüsse beteiligt: durch ein Stück des Hauptflußtales und einen Nebenbach wird Sporn durch Durchbrechung des Halses zwischen beiden Flüssen abgeschnürt (Abb. 12).

Altwässer: gut zu erkennen, wenn noch wassergefüllt (Abb. 13); sonst nur an Isohypsen, evtl. Vegetation (Auewald, Bruchwald).

In Tälern oft als Akkumulationsform *Schwemmfächer:* am Austritt von Seitenbächen in Hauptäler. Isohypsen biegen aus. Bevorzugter Siedlungsplatz, oft waldfrei.

Abb. 11: Umlaufberg (ca. 1 : 50 000)

Abb. 12: Durchbruchsberg (ca. 1 : 50 000)

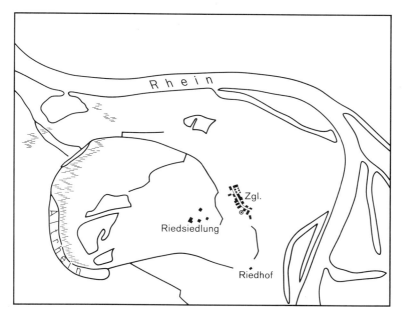

Abb. 13: Altwässer des Rheins; L 6516 Mannheim, 1 : 50 000

d) Besonderheiten der Talformen in einzelnen Landschaften
Neben oben erläuterten allgemeinen Formen der Täler, Asymmetrien, Terrassen, Mäandern etc., gibt es einige für bestimmte Landschaften typische Talformen.

Mittelgebirge:

In den Mittelgebirgen besonders auf *tektonische Leitlinien* achten (Abb. 14): variskische Struktur der deutschen Mittelgebirge oft noch im heutigen Talnetz zu erkennen. Modulierend außerdem sowohl in als auch am Rande der Mittelgebirge der Löß (Asymmetrien der Täler!). Großräumige Anwehungen von *Löß* nicht nur für Talnetz und Talformen folgenschwer. *Karte:* Hohlwege, Nutzung der guten Böden durch intensiven Ackerbau, auf Lößterrassen Weinbau (Kaiserstuhl) etc. Oft verbunden mit großer Siedlungsdichte. (→ 3.9.2).

Schichtstufenlandschaft:

Am Stufenrand der Schichtstufenlandschaften (→ 3.2.3) häufig wiederkehrendes Phänomen: *geköpfte Täler und Talanzapfungen* (Abb. 15).

Definition und Genese: Talwurzel irgendeiner Verzweigung eines Flußgebietes schneidet sich im Zuge rückschreitender Erosion so tief ein, daß ihr Oberrand in Abflußrinne eines Talstückes

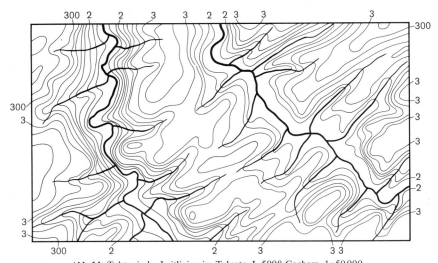

Abb. 14: Tektonische Leitlinien im Talnetz; L 5908 Cochem, 1:50 000

Abb. 15: Talanzapfung und geköpftes Tal: das geköpfte Tal streicht von O kommend über Lautlingen aus, wo die anzapfende Eyach von N kommend nach W abknickt;
L 7718 Balingen, 1:50 000

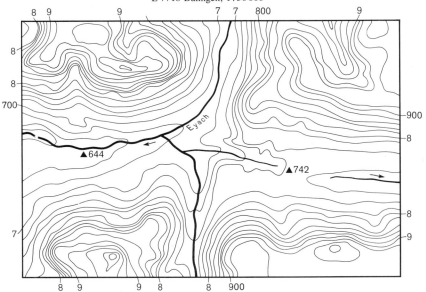

eingreift, welches ursprünglich zu anderem Flußgebiet gehörte. In diesem Fall wird der oberhalb der Eingriffstelle gelegene Teil des betroffenen Talgebietes in das Flußgebiet des eingreifenden Tales hin abgelenkt. Betroffenes Tal wird „angezapft" oder „geköpft" (LOUIS). Günstige Voraussetzungen, wenn zwei benachbarte Flußsysteme sehr verschiedene Höhenlage und somit sehr unterschiedliches Gefälle haben (Stufenrand der Schichtstufenlandschaft).

Geköpfte Täler: jetziger Oberlauf des Flusses in viel zu breitem Bett (nämlich Bett des Flusses, dessen Oberlauf abgeschnitten wurde). Breites Flußbett; kleiner Bachoberlauf; Bett streicht oberhalb des Flußbeginns zum Rande der Schichtstufe oder besser: über anzapfendem Tal frei in der Luft aus. *Anzapfendes Tal* erhält entsprechende plötzliche Vergrößerung seines Systems. Oberlauf des angezapften Tals wird zum Oberlauf des anzapfenden Tales. *Karte:* meist Knick im Verlauf des Flusses an Stelle der Anzapfung (unterschiedliche Richtungen der Oberläufe des ehemals anzapfenden und ehemals angezapften Flusses). Beispiel Wutach-Anzapfung: im Topographischen Atlas Baden-Württemberg, mit Blockbild-Darstellung (1979, S. 179).

Anzapfung und Köpfung von Flüssen natürlich auch in anderen Landschaften: überall, wo es zur Verlegung der Wasserscheide kommt. Unterschied geköpftes Tal/Hängetal (→ unten): geköpftes Tal fällt von der Stufe hin rückwärts ein, damit anzapfendem Tal entgegengesetzt. In Hängetal keine Umpolung der Entwässerung vonstatten gegangen, daher immer gleiches Taleinfallen und gleiche Entwässerungsrichtung.

Unterscheidung: nach der Entwässerungsrichtung der Flüsse in der Lage zum Streichen der Schichtstufen (DAVIES):
– *konsequent:* mit dem Schichteinfallen, von Stufenstirn weg auf der Hochfläche,
– *obsequent:* entgegengesetzt zu konsequent,
– *subsequent:* vor Stufenstirn, mit dem Schichtstreichen,
– *resequent:* wie konsequent, aber in subsequenten Fluß einmündend.

Kalkstein häufig Stufenbildner, daher oft *Trockentäler* wesentlicher Bestandteil der Schichtstufenlandschaft. Flußversickerung durch Tieferlegung der Erosionsbasis oder durch klimatische Veränderungen. *Karte:* Isohypsenverlauf deutet auf Talform hin (meist sanfte Hänge, Mulden), ohne daß jedoch ein Fluß im Tal verläuft.

Hochgebirge:

Formenschatz der Hochgebirge durch glaziale Überformung geprägt (→ 3.2.4.1), so auch Talformen:

Trogtäler: in erster Linie am Isohypsenverlauf, vor allem im Bereich der Trogschulter (Verebnung im Querprofil) zu erkennen. Trogschultern möglichst über einige Entfernung im Längsverlauf des Tales sowie im gleichen Niveau auf beiden Talseiten nachweisen. Möglich sind auch Trogschultern in verschiedenen Niveaus (in Treppen). Profil legen! Wie bei allen Talformen auch hier auf Asymmetrien achten. Unterschiedliche Deutung (hier meist geologisch oder glazial/periglazial). Trogtäler in ihrer Untergliederung und Höhenstufung gut zu korrelieren mit Vegetation, Besiedlung in Höhenstufen; Abgrenzung Tallandschaften/Gebirgslandschaften relativ gut möglich.

Unregelmäßigkeiten im Längsprofil (unregelmäßiges Gefälle, Fluß mäandriert in weitem Tal und bricht plötzlich durch eine Klamm hindurch) müssen je nach Gegebenheiten als Gesteinsstufen (Härtlingsrippen), Diffluenzstufen (ehemals Gletscher dort), Konfluenzbecken mit Aufschüttungsboden, durch Bergstürze oder glaziale Übertiefung geformt, gedeutet werden.

Wichtig: Hängetäler der seitlich in Haupttäler einmündenden Flüsse (vgl. Abb. 47), starke Gefällsstufe, Klamm, oft Wasserfälle. Darunter häufig im Haupttal dann Schwemmfächerbildung.

3.2.3 Ebenheiten

Geringe Isohypsendichte deutet auf Ebenheiten hin. Ebenheiten selbst zu untersuchen auf Ausprägung der Fläche: völlig eben, leicht gewellt, kuppig; horizontal oder geneigt, Neigungsrichtung; trocken oder vernäßt; bewaldet oder landwirtschaftlich genutzt; dicht oder dünn besiedelt. Daneben von großer Bedeutung Abgrenzung der Ebenheit: mit oder ohne Steilkante; nach unten oder nach oben. Wie ist begrenzender Hang ausgeprägt? Hinweise auf das Gestein: Sedimentlagerung oder Massengestein? Abhängigkeit: Struktur- oder Skulpturform?

Abtragungsflächen zu unterscheiden von Aufschüttungsflächen. Letztere mit Schottern und Geröllebenen: Flußversickerungen, am Rande Schwemmfächer oder Schuttfächer. Im einzelnen schwer auf der Karte zu erkennen, meist aber besonders eben. Relativ eben auch manchmal Talböden (→ oben) und streckenweise Jung- bzw. Altmoränenlandschaften (→ unten).

Zwei große *Abtragungsflächensysteme:* Rumpfflächenlandschaft und Schichtstufenlandschaft. Daneben in Meeresnähe marine Abrasionsflächen möglich, mit toten Kliffs (→ unten).

Rumpfflächenlandschaft

Verebnungsflächen, zum „Zentralen Bergland" hin angeordnet. Unabhängig vom Gestein und seinen Strukturen (Skulpturformen). Entstehung durch Flächenspülung in warmem, wechselfeuchtem Klima und einzelnen Zeiten relativer tektonischer Ruhe (Vorzeitform/Abtragungsform).

Karte:
— Fläche fällt sanft zur Kante hin ein, steigt zum „Zentralen Bergland" an;
— Fläche nicht an Gestein gebunden; oft Vernässungen, Moore;
— begrenzende Hänge oben konvex, unten konkav;
— keine Steilkante als oberer Hangabschluß ausgebildet.

Rumpfflächen meist in Vielzahl mehr oder weniger großer Reste zu finden. Dabei *auffällig:* Rumpfflächenreste in verschiedenen Niveaus. Anordnung von Rumpfflächensystemen in Rumpftreppen um ein zentrales Bergland. *Vorsicht:* zu jedem „Niveau" möglichst mehrere Flächen belegen. Niveaus nur etwa in wenigstens 50 m Abständen gut auf topographischen Karten zu erkennen. Rumpftreppen gut auf Zwischentalriedeln nachzuweisen *(siehe Karte 1 im Anhang!)*. Auf tieferen Flächen manchmal Reste älterer (höherer) Niveaus als Inselberge.

Schichtstufenlandschaft

Schichtstufenlandschaft gliedert sich in zwei die Reliefgestaltung prägende Einzelformen, in Schichtstufen und Stufenflächen. *Schichtstufe* ist gebuchtete, aber auch geradlinige Geländestufe aus Folge widerständiger und wenig widerständiger, meist schwach geneigter Schichten. Durch fluviatile Erosion und durch Denudation herausgearbeitet. Stufenhang in steileren oberen und flacheren unteren Abschnitt gegliedert. An Trauf bzw. First geht Schichtstufe in Stufenfläche über. *Stufenfläche* zieht in schwacher Neigung vom widerständigen Stufenbildner der einen in weniger widerständigen Stufensockel der nächstfolgenden Stufe hinüber. (BLUME 1971).

Karte:
- Fläche fällt sanft von Stufenstirn weg ein (Frontstufe);
- zwar Schnittfläche und nicht Schichtfläche, dennoch an widerständiges Sedimentgestein gebunden; häufig Karsterscheinungen;
- Stufenhang unten flach, oben steil, oft getreppt mit Verebnungen;
- am Trauf bzw. First scharfe Steilkante, oft Felssignatur;
- Quellhorizonte an Grenze von durchlässigem, widerständigem Gestein zu undurchlässigen Mergeln und Tonen;
- am Unterhang häufig Rutschungen: Isohypsen girlandenförmig;
- Hang meist bewaldet, Stufenflächen agrarisch genutzt.

Siehe Karte 2 im Anhang!

Typische Talformen (→ 3.2.2: Talanzapfung; konsequente/subsequente/obsequente Flüsse).

Weitere wesentliche Elemente der Schichtstufenlandschaft: *Zeugenberge* und *Auslieger*.

Zeugenberg: vor Stufenfront *isoliert* aufragender Abtragungsrest.
Auslieger: Abtragungsrest vor Stufenfront, der in irgendeiner Weise noch in *Verbindung* mit Stufenkörper steht. (BLUME 1971).

Zeugenberge werden dadurch gedeutet, daß die stufenbildende widerständige Schicht ihrer Umgebung zusammen mit liegenden weniger widerständigen Gesteinen beseitigt worden ist. Auslieger somit Vorformen von Zeugenbergen. Zeugenberge meist an Gräben und Mulden (tektonisch tiefe Lagen) gebunden.

Aufeinanderfolge verschiedener Stufen und Stufenflächen (wie bei Rumpftreppen) möglich. Aber Stufenfläche fällt jeweils zur nächstfolgenden Stufe hin ein, so daß aufeinanderfolgende Stufenflächen nicht unbedingt wesentlichen Höhenunterschied aufweisen müssen. Abhängig von Mächtigkeit der Schichten und Einfallswinkel.

Streichen: parallel zum allgemeinen Stufenhang, parallel zu Isohypsen der Fläche.
Fallen: senkrecht zu Streichen, senkrecht zu Isohypsen auf der Stufenfläche.

Schichtfallen vor allem in Stufen querenden Tälern an Strukturterrassen erkennbar.

Mächtigkeit der die Schichtstufen ausmachenden Schichten aus Höhe der Stufe und Höhenlage der Quellhorizonte auszumachen.

Sonderfall: Schichtrippen oder Schichtkämme: Schichtpakete übersteilt gelagert, keine Ebenheiten mehr.

Unterscheidung Rumpfflächen-/Schichtstufenlandschaft *auf der Karte* (Abb. 16) durch:

- Einfallsrichtung der Flächen,
- Hangausprägung und Steilkante,
- Gestein: Schichtstufenlandschaft in Sedimentgestein; Rumpfflächenlandschaft gesteinsunabhängig, also z. B. auch Hinweis auf Gold-, Silber-(etc.-)Bergbau möglich,
- Quellhorizonte.

Abb. 16: Rumpffläche und Schichtstufe im Profil und Isohypsenbild

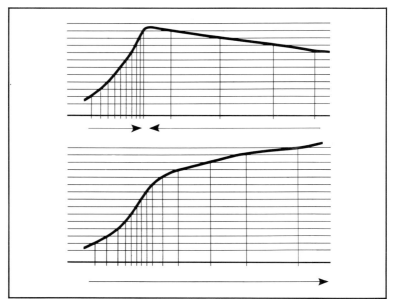

3.2.4 Glazialer Formenschatz

Glazialer Formenschatz hier unterteilt nach *Hochgebirge* und *Tiefland,* da auf jeweiliger Topographischer Karte wahrscheinlich nur entweder Hochgebirge oder Tiefland mit glazialen Formen auftritt. Formenschatz der glazial überprägten Mittelgebirge: v. a. Kare, Moränen (→ Hochgebirge).

Drei grundlegende Bereiche des glazialen Formenschatzes: *heutige Vereisung, ehemalige Vereisung* und *Randgebiete* mit Erosions- bzw. Akkumulationsformen. In dieser Breite Formenschatz sehr unterschiedlich. Am eindeutigsten im Hochgebirge; entsprechende Formen auf der Karte suchen.

3.2.4.1 Hochgebirge

In Alpen Betrachtung der Karte unter geomorphologischem Aspekt von großer Bedeutung, da einerseits größter Teil des Kartenblattes oft wenig anthropogen beeinflußt und andererseits menschliche Tätigkeiten (wohnen, arbeiten, fortbewegen, erholen etc.) stark durch natürliche Gegebenheiten eingeschränkt und vorbestimmt sind. Aber auch hier Landschaftsräume unterschiedlicher Eigenart und die sie bestimmenden Einzelfaktoren exemplarisch herausfinden und darstellen sowie Wechselbeziehungen zwischen Faktoren und Räumen einerseits wie auch zwischen Räumen untereinander feststellen.

Tallandschaften und *Gebirgslandschaften* bieten sich als Teilräume an, nicht zuletzt auch vom unterschiedlichen geomorphologischen Formenschatz her.

Im Alpenraum glazial-morphologischer Formenschatz sowohl der ehemaligen wie auch der heutigen Vereisung. Heutige Vereisung aber hauptsächlich in Gebirgslandschaften, mit Ausnahme z. B. der „Talgletscher" etc.

Formenschatz

Verschiedene Gletscher (österr. „Kees") typenhaft erfassen. Namen der Gletschertypen sagen bereits Wesentliches über ihre Form aus. Isohypsen oft auf Gletschern blau gefärbt; Gletscher selbst weiß. Übersommernde Eis- und Schneeflächen dargestellt: Zustand etwa im August abgebildet.

Talgletscher: lange Eiszungen, tief unter Schneegrenze herabreichend. In vorgeprägten Hohlformen und mit großer vertikaler Erstreckung. Gebogener Verlauf der Isohypsen ändert seine Richtung.

Siehe Karte 3 im Anhang!

Hanggletscher: flächigere Erstreckung und oft nur schwach geneigt. Isohypsen mehr oder weniger parallel und in relativ großen Abständen.

Plateaugletscher, Eisstromnetze: füllen Hochflächen und intramontane Becken aus und sind von unterschiedlicher Größenordnung. Nunataker (Felsreste, die über das Eis hinausreichen); schroffe Formen, Felssignatur.

Kargletscher: füllen Karnischen (→ unten) aus, flächenmäßig zu kleinsten Gletschern zu rechnen.

Konfluenz: Zusammenfluß von Eis, oft an Mittelmoränen zu erkennen.

Diffluenz: Aufteilung eines Eisstromes.

Transfluenz: Eis überwindet Geländestufe. Gletscherspalten eingezeichnet; Aufwölbung.

Auf Gletschern Gletscherschuttmaterialien = Moränen (meist graue Punktsignaturen auf oder am Rande der Gletscher, linienhafte Anordnung); Gletscherspalten und Seracs (Querstriche auf den Gletschern) bei Unebenheiten im Längsverlauf; Risse am Rande vor allem bei rasch bewegten Gletschern.

Schneegrenzberechnungen: verschiedene Methoden, auf der Karte Schneegrenze zu berechnen; alle führen in jedem Falle zu unterschiedlichen Ergebnissen, so daß bei Anwendung verschiedener Methoden wieder Ergebnisse verglichen und interpoliert werden müssen, Genauigkeit nur in begrenztem Maße (ca. 50–100 m).

Bestimmung lokaler bzw. orographischer Schneegrenze (LOUIS 1954/55):

1. Mittel der Höhe zwischen höchstem Punkt der Umrahmung und unterstem Gletscherende (für kleine Gletscher).
2. Erstes Auftreten von Moränen. Unterhalb Schneegrenze tauen Ober-, Mittel- und Ufermoränen aus; geschieht meist aber erst merklich unter Schneegrenze.
3. Übergang von muldenförmigem Querschnitt der Gletscheroberfläche (Nährgebiet) zu fladenartig gewölbtem Querprofil (Zehrgebiet). Besonders bei Talgletschern (Zungengletschern) geeignet. Voraussetzung: Isohypsendarstellung auf Gletscheroberfläche.

Für andere Methoden einschlägige Lehrbücher befragen (z. B. WILHELMY, BAUER, FISCHER u. a. Geomorphologie III, 77–78).

Danach durch lokale Schneegrenze klimatische Schneegrenze bestimmen. Lokale Schneegrenze vor allem von Exposition abhängig, auf einem Kartenblatt sehr unterschiedliche Werte auch nach *einer* Berechnungsmethode. Klimatische Schneegrenze ist Mittelwert der lokalen Schneegrenzen zwischen sonnenseitigen und schattenseitigen, luvseitigen und leeseitigen lokalorographisch stark und schwach gegliederten Vorkommen eines Gebietes (LOUIS 1954/55). In Alpen entspricht klimatischer Schneegrenze Jahresmitteltemperatur von ca. $-5\,°C$ (FEZER 1976). Mittel zur Abgrenzung einer vertikalen Zonierung (Höhengliederung).

Formenschatz der ehemals vereisten Gebiete

Kar: steilwandige, lehnsesselartige Hohlform an Gebirgshängen, durch Gletscherschliff entstanden, mit übertieftem Karboden, schroffen Graten und evtl. Karschwelle, Karsee, Firn-, Schnee- oder Eisresten (Kargletscher). *Karte:* Isohypsenverlauf an Steilwand eng und (ideal) halbrund, evtl. geschlossener Isohypsenkreis in der Mitte, See, Eis etc. Öffnung nach unten, manchmal Überlauf- und Quellgebiet von Gebirgsflüssen. Kartreppen = mehrere Kare in vertikaler Folge.

Transfluenzpässe: abgerundete Grate und Höhenrücken zwischen ansonsten steilen Gipfeln und Gipfelflur, über die Eis geflossen ist. Heute oft als begünstigte Verkehrslinien durch Hochgebirgslandschaften benutzt. Straßen, Pässe.

Moränen: Ablagerungen ehemaliger Eisvorstöße, heute wallartig am Hang oder im Tal, dort vor allem querliegend. Manchmal Stau für Gletscherbäche zu Seen. Verkehrshindernis.

Weitere Akkumulationsvorgänge und -formen (Murkegel, Schlipfe, Abrißnischen etc.) erkennbar durch: 1. Ablagerung (Isohypsen an unterem Hang), 2. Signaturen, die die Abrutschbahnen oder -nischen kennzeichnen, 3. waldfreie Schneisen, mit (2.) verbunden und über (1.) zu finden.

Einige der oben beschriebenen Formen sind auch in Tallandschaften zu finden, so Talgletscher, Moränen, Murkegel etc. Wichtig hier vor allem auch Trogtäler, Hängetäler (vgl. Abb. 47), Schwemmfächer etc. (→ Talformen, 3.2.2).

Im Hochgebirge häufig zu beobachten: *Gipfelflur.*

Gipfel in mehr oder weniger gleicher Höhe, trotz tiefer Zertalung; Konstanz der Gipfelhöhen unabhängig von geologischem Bau und Gesteinsverhältnissen. Kontroverse Deutung (→WILHELMY, BAUER, FISCHER u. a. Geomorphologie II, 1990, 140–141).

Gipfelreihen in annähernd ähnlichen Höhen in verschiedenen Niveaus vorhanden, vergleichbar mit Rumpftreppen („Gipfelflurtreppen"). Anordnung der Gipfel und Talzüge oft für jeweiliges Kartenblatt gerichtet. Große Strukturlinien innerhalb des Kartenblattes erkennbar.

3.2.4.2 Tiefland

Im wesentlichen *Akkumulationsformen ehemaliger Vereisung*, durch glaziale Schmelzwässer und periglaziales Bodenfließen z. T. überformt. Prägnanter Unterschied auch auf Karten zwischen Jungmoränen- und Altmoränenlandschaft.

Altmoränenlandschaft: vor letzter Kaltzeit durch Gletscher und Schmelzwässer älterer Vereisung geprägt. Altmoränen durch periglazialen Bodenfluß während jüngster Kaltzeit abgeflacht, ehemals abflußlose Hohlformen verschwunden, Geschiebemergel durch Verwitterung in Geschiebelehm umgewandelt (WILHELMY, BAUER, FISCHER u. a. Geomorphologie III 1992, 105–108).

Jungmoränenlandschaft: während letzter Kaltzeit durch Gletscher und Schmelzwässer geschaffene Formen in noch weitgehend ursprünglichem Zustand: hohe Endmoränenwälle, kuppige Grundmoräne, zahllose von Seen erfüllte Wannen und Rinnen. Noch wenig verwitterter, durch Gesteinsmehl abgeschliffener Kreidevorkommen angereicherter Geschiebemergel bedingt Fruchtbarkeit der Böden (WILHELMY, BAUER, FISCHER u. a. Geomorphologie III 1990, 105–108).

Unterschied auf der Karte:

Jungmoränenlandschaft:
– ausgeprägtere Formen, stärker reliefiert,
– durch Seen aufgelockert,
– fruchtbarer, Ackerbau dominiert,
– besonderer Formenschatz (→unten).

Altmoränenlandschaft (in Norddeutschland: schleswig-holsteinische „Geest"):
- unfruchtbare Böden, Wald, Versumpfungen, Moore, Sande, Heide, Kiefern (Böden oft durch Düngung – Plaggendüngung – verbessert),
- Knicks typisch (spezielle Signatur),
- deutlicher Abfall zur Marsch (→ unten).

Beachte: „Geest" bezeichnet in Holland nicht Altmoränenlandschaft, sondern trockene Zone am Rande des Dünengürtels in der Marsch.

Formenschatz

Grundmoräne: Gletschersohlenschutt und fluvioglaziales Material. Kuppige Ausprägung besonders abwechslungsreich reliefiert. Kleine Hügel, Hohlformen z. T. wassergefüllt, unruhiges Relief. Kuppen z. T. bewaldet, Niederungen vermoort. Unterschied Jung-/Altmoränenlandschaft beachten.

Endmoränen: kennzeichnen jeweils weitestes Vordringen des Eises.

Karte: wallartige, oft hufeisenförmige Bögen oder langgestreckte Höhenzüge. Oft von Schmelzwasserrinnen zertalt, Außenseite z. T. flacher gebösch als Innenseite, steile Seite meist bewaldet. Markante, landschaftsbestimmende Großformen z. B. im Alpenvorland. Endmoränen können mehrfach hintereinanderliegen, Hinweis auf wiederholte Eisvorstöße unterschiedlicher Stärke.

Hohlformen: kesselartige Einsenkungen im Moränenmaterial mit zerlapptem Umriß, z. T. wassergefüllt; geschlossene Isohypsen mit nach innen gerichtetem Pfeil. (Deutung unterschiedlich: äolische, biogene u. a. Kaven, Toteisseen, auch Sölle, → unten).

Sander (Süddeutschland: Schotterfluren): fluvioglaziale, fächerartige, flache Schmelzwasserkegel aus Sanden oder Schottern, zwischen Endmoränen und Urstromtälern, hinter Durchbrüchen durch Endmoränenwälle gelegen. *Karte:* Höhenlinienvergleich, divergierende Höhenlinien, trocken, z. T. bewaldet, tote abflußlose Winkel zwischen verwachsenen Sanderkegeln z. T. vermoort: starker Gegensatz auf kleinem Raum.

Binnendünen: im Moränengebiet in noch nicht gefestigten Randgebieten vorkommend. Oft eigene Signaturen. Auswehungen. Nur kleine Dimensionen.

Besonderheiten der Jungmoränenlandschaft:

Rinnenseen: langgestreckte wassergefüllte Hohlformen. Angeordnet in ganzen Seenplatten. Richtung entspricht ehemaligen großen Spalten der Gletscher.

Oser: wallartige, auch eisenbahndammähnliche, aus Schottern und Sanden bestehende Ablagerungen. Wie Rinnenseen subglazial entstanden und gerichtet. Daher auch häufig Vorkommen beider Formen nebeneinander.

Kames: 10–15 m hohe Kuppen oder kegelförmige Hügel (im Gegensatz zu den wallartigen Osern) mit meist ebener Oberfläche und steilen Hängen. Aus Sanden und Schottern bestehend. Entstehung als glaziale Aufschüttungsformen in breiten Lücken zwischen Toteisblöcken, in denen das Schmelzwasser beim Versiegen mitgeführtes Material ablagerte, oder als terrassenförmige Ablagerungen an Hängen.

Drumlins: langgestreckte elliptische Hügel aus Moränenmaterial oder Schottern. Längsachse in Richtung der Gletscherbewegung angeordnet. Dem Gletscher zugewandte Seite breiter, mächtiger und stumpfer, an abgewandter Seite langausgezogen, mit dünner werdender Schleppe. Überfahrenes älteres Grundmoränenmaterial durch erneuten Gletschervorstoß. Schwarmweise, fächerförmig in Eisrichtung auftretend. Bis zu 30 m hoch und 2 km lang. Rückschlüsse auf Fließrichtung des Eises möglich. Sehr typische, häufig auftretende Erscheinung.

Sölle: rundliche steilwandige Kuhlen, ähnlich wie Toteisseen (→ oben), aber runder bzw. ovaler als diese. Runder, geschlossener Isohypsenverlauf, Pfeile zeigen in Hohlform hinein. Schwarmweises Auftreten. Genese umstritten.

Glaziale Akkumulationsformen des Tieflandes z. T. natürlich auch in Tälern des Hochgebirges zu finden; ansonsten im nördlichen Europa sowie im Alpenrandbereich. Für Alpenvorland häufige Verwechslung von gefalteter Molasse mit Endmoränen (vgl. L 8332 Murnau, erläutert in 3. Lieferung der „Deutschen Landschaften", hrsg. v. Institut für Landeskunde → 7). Meist an Lage zu erkennen, auch oft an Ausmaßen; sonst schwierige Unterscheidung.

3.2.5 Karst

Geomorphologische Formen und hydrographische Erscheinungen des Karst durch chemische Lösung stark löslicher Gesteine (Kalk, Dolomit, Gips bzw. Anhydrit) bedingt. Somit Formenschatz des Karstes sowohl aus Oberflächenformen als auch aus Gewässernetz abzulesen.

Meist nicht alle Formen nebeneinander. Auffinden einzelner Elemente aber Anlaß zur Suche nach anderen typischen Formen.

Formenschatz unterschiedlich ausgeprägt in genannten Gesteinen (Kalk löst sich stärker als Dolomit):

Trockentäler: → Talformen, 3.2.2;

Wannen: abflußlose Hohlformen, nicht wassergefüllt. Geschlossener Höhenlinienverlauf mit Pfeil zum Tiefpunkt;

Dolinen: Signatur (siehe Legende am Kartenrand); häufig in ganzen Dolinenfeldern, im Wald eher als im offenen Ackerland (dort stärker eingeebnet);

Höhlen: Signatur unterschiedlich bei verschiedenen Kartenwerken (siehe Legende am Kartenrand);

Karstquellen, Bröller, in Österreich auch „Brüller": starke Wasserführung, oft bereits im Oberlauf Mühlen. *Beispiel:* Aachtopf, Blautopf (→ Quellen, 3.4.2);

Flußschwinden: Karte: unmotivierte (= trotz humidem Klima) Unterbrechung eines Flusses (Beispiel: Donau bei Immendingen/Friedingen);

Sinterkalkablagerungen in Form von Stufen im Längsprofil des Tales, durch Knick im Längsprofil feststellbar. Abbau.

Zusammen mit Karsterscheinungen treten die für Kalksteine typischen Formen auf (→ 3.3.4).

3.2.6 Vulkanischer Formenschatz

Vulkanismus umfaßt alle mit dem Aufstieg von Magma zur Erdoberfläche verbundenen Erscheinungen, bei uns meist als Vorzeitformen vorkommend. Oft an bestimmten Leitlinien aufgereiht.

Hinweise auf *Karte:* Auftreten von kegelförmigen Vollformen, einzeln, in Scharen oder aufgereiht. Kegel mit aufgesetzter Hohlform (Isohypsen mit Pfeil nach innen), Krater, See. Eingezeichnete „Lavaströme", auch datiert. Steinbrüche. Heiße Quellen.

Formenschatz

Vulkane: ringförmiger Isohypsenverlauf, Kegel. Dabei Isohypsen häufig geknittert, Lavaströme z. T. eingezeichnet, z. T. rezente Lavaströme an Waldschneisen zu erkennen. Sanfter Unterhang, steilerer Oberhang. Oben meist nicht spitz zugehend, Hohlform, Krater, manchmal mit See. Krater z. T. mehrfach eingestürzt (Caldera). Auch häufig Nebenkrater am Kegel.

Vulkanruinen: steil aufragende Härtlinge als Singularitäten auftretend. Abbau, Steinbrüche.

Maare: Explosionstrichter, teils verlandet, teils mit Wasser gefüllt. Um Trichter meist kleiner Schuttwall, nicht unbedingt symmetrisch. Eifelmaare auf Karte meist an mehr oder weniger rundem See sowie darum herumlaufendem Wall zu erkennen (*Beispiel:* Laacher See, L 5508 Ahrweiler).

Steinbrüche: in Verbindung mit obigem Formenschatz und entsprechenden Signaturen für Abbau magmatischen Gesteins beachten, z. B. Basalt, Phonolith, Bimsstein o. ä. Oft auch gleich am Ort Verarbeitung.

Nachvulkanische Erscheinungen: Thermal- und Kohlesäurequellen, oft in Karte eingezeichnet und durch Nutzung zu erkennen: Bäder, Mineralwasserherstellung etc. „Säuerlinge" = kohlesäurehaltige Quellen. Auch Signatur wie „Solfatare", „Mofette" beachten.

3.2.7 Küsten

Bei Analyse und Interpretation der Küstenformen beachten, daß nicht einfach Grenzlinie vorliegt, sondern Grenzsaum (→ 2.4.3) mit Beziehungen zu angrenzenden Kernräumen, in diesem Falle Meer und Festland. Zu jeder Küste gehört größeres Gewässer bestimmter Ausprägung (Gezeiten) und Festlandsbereich bestimmter Ausprägung (Gestein, Relief, wirtschaftliche Nutzung).

Morphologisches Bild der Küsten bedingt durch:
- Festlandsstruktur hinsichtlich ihres geologischen Baus, ihrer Höhenverhältnisse und ihrer Reliefierung, ihrer petrographischen Verhältnisse;
- dynamische Kräfte: Meer, Wind, Krustenbewegungen (Transgressionen, Ingressionen, Regressionen).

Küsten aber auch unter *wirtschaftlichen* Gesichtspunkten interessant:
- zu jeder Küste gehört Hinterland: Häfen für Import und Export;
- zu jeder Küste gehört meist Gegenküste: Häfen;
- an Küsten häufig Fremdenverkehr: Badeeinrichtungen, Siedlungen etc.

Allgemeine Charakterisierung der jeweils vorliegenden Küste bzw. Küstenabschnitte zunächst grob physiognomisch, z. B. nach Unterscheidung von Flachküste (Wattenküste, Marschenküste, Ausgleichsküste) und Steilküste (Kliff). Hier spielt bereits Relief binnenwärts anschließenden Festlandes eine Rolle. Oder Unterscheidung nach Verlauf der Küstenlinie: glatte, gebuchtete, gelappte Küste. Wechsel verschiedener Küstenformen häufig! *Weitere Kriterien:* ins Land eingreifende Meeresbuchten, Art der Flußmündungen. Verhältnis von Küstenverlauf zu tektonischen Strukturen des Festlandes: Längsküsten, Querküsten, dalmatinische Küstentypen (Canale-Typus) mit vom Meer überfluteten Längstalfluchten eines Kettengebirges.

Küstentypisierungen zahlreich vorhanden und z. T. sehr unterschiedlich. Für Karteninterpretation solche sinnvoll, die möglichst physiognomischen und genetischen Aspekt klar zum Ausdruck bringen. VALENTIN (1954) trennt aufgetauchte und aufgebaute von zurückgewichenen und untergetauchten bzw. zerstörten Küsten.

Darüberhinaus *wichtig:* Möglichkeiten der Anlage von Häfen (Wirtschaft, Verkehr, Siedlungen; → 3.8.5) sowie der Nutzung durch Fremdenverkehr etc. erkennen und zu einer wirtschaftlichen Inwertsetzung, ihren Möglichkeiten und Schwierigkeiten, Stellung nehmen.

Aussagen über *Bereich des Meeres* meist nur begrenzt möglich. Viele Karten ohne *Isobathen* (wesentlicher Mangel!). Eingezeichnete Isobathen häufig nicht in gleichen Abständen wie Isohypsen oder sogar in unterschiedlichen Maßeinheiten angegeben, z. B. auf älteren englischen Karten Isobathen in Faden (ca. 1,3 m), gegenüber Isohypsen in Fuß (ca. 0,3 m).

Vorherrschende *Meeresströmungen* z. B. aus verschleppten Flußmündungen und anderen Erscheinungen der Ausgleichsküste zu erkennen, sonst kaum.

Hinweise auf *Tidenhub* zahlreicher. Formenschatz wie Ria, Ästuar. Eingezeichnete Hochwasser- und Niedrigwasserlinien. Auf englischen Karten ist Tidebereich eines Flusses durch schwarze Flußabgrenzung (gegenüber sonst blau) gekennzeichnet. Anlage von Dock-Häfen etc. weitere Hinweise auf hohen Tidenhub.

Formenschatz

1. Flache Küsten

Marschenküste/Wattenküste

Watt: feinkörniger Sedimentkörper, periodisch überflutet.
Marsch: wie Watt, heute aber nicht mehr überflutet.

Auf deutschen topographischen Karten untere Wattgrenze eingezeichnet = Mittelspringniedrigwasserlinie = ca. 1,1–2,0 m unter NN. Auch höchste Punkte über NN im Watt eingezeichnet. Wattflächen über mittlerem Tidehochwasser durch schwarze Punkte als „Sand" bezeichnet.

Im *Wattenmeer* während Ebbe große Teile des Meeresbodens trocken. *Karte:* im flachen Küstenbereich *Priele* (mehrere Meter tiefe Rinnen für abströmendes Wasser bei Ebbe; schiffbar bei Flut) und *Baljen* (= Balgen: breiter Wasserlauf im Watt, im Gegensatz zum Priel auch bei Ebbe schiffbar), evtl. Markierungen für Fahrrinnen. Wattflächen fast eben. Landgewinnung auf Karte erkennbar an Lahnungen, unbedeichtem Marschvorland sowie eingedeichten Marschen.

Im Gebiet der *Marschenküste* liegt Küstengebiet um ± NN. Entstehung in geschützten Buchten oder im Schutz einer Inselreihe durch Verlandungsvorgänge unter Mitwirkung der Vegetation (Queller etc.). Seit ca. 1000 Jahren bäuerliche Marschkultur (Altmarsch) auf den durch hohen Mineralgehalt fruchtbaren Böden. *Karte:* Deiche, Wurten, Siele, Polder, Marschhufen etc. Längs der Mündungsästuare der Flüsse setzt sich *Seemarsch* in *Flußmarsch* fort (Abb. 17).

Abb. 17: Flußmarsch der Elbe: Außendeichland, Alter und Neuer Deich in der Marsch; L 2122 Itzehoe, 1:50 000

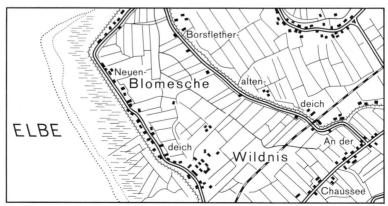

„Sietland": besonders tief gelegene Marsch (Höhenunterschied bis zu mehreren Metern) an Binnenseite des Marschenhochlandes. *Ursache:* in Ufernähe reichlichere und auch grobere Sedimente, binnenwärts nur feinste Stoffe abgelagert, später dazu noch abgesackt. Es kommt zu Abflußbehinderungen der Flüsse. *Randmoorzone*, Versumpfung (Signatur), Torfabbau (Signatur) etc. *Hochwasserschutz:* Dämme, Deiche, Wurten.

Altmarsch: Mit zunehmendem Alter der Marsch Auswaschung des Kalziums (Versauerung): Böden werden schlechter. Früher besiedeltes Gebiet (Wurten) als die *Jungmarsch*. Grenze zwischen Altmarsch und Jungmarsch am Verlauf der Dämme zu erkennen. Weitere Hinweise durch Parzellierung, Art der Besiedlung, Bodennutzung (mehr Grünland).

Grenze von Marsch zu *Geest* (→ 3.2.4.2) meist sehr ausgeprägt (Höhenunterschied!), auch von Böden und Landnutzung her (Abb. 18). Marsch mit hoher Fruchtbarkeit (Grünland, Ackernutzung), Geest mit stärker versauerten und sandigen Böden (Grünland, Vermoorungen, Wald).

Geestküste: nur an wenigen Stellen tritt Geest an das Meer heran: *Kliffküste*.

Polder (= Groden, Koog): eingedeichtes Marschland, z. T. unter NN, Entwässerung.

Siel: Deichschleuse, oft mit Sielhafen.

Wurten (= Werften, Warften, Wierden, Terpen): künstlich aufgehöhte Hügel in der Altmarsch (Siedlungen). meist nicht durch Isohypsen, sondern durch Schraffen dargestellt.

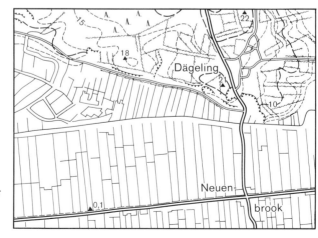

Abb. 18:
Geest (Knicks, Wald), Marsch (Marschhufensiedlung, Entwässerungskanäle) Randmoor („Moorgraben"); L 2122 Itzehoe, 1 : 50 000

Ausgleichsküste

Geradliniger Küstenverlauf. *Strandversetzungen:* Nehrungen, Haken, Lido, Tombolo, verschleppte Flußmündungen, Strandseen, Dünen. Strandversetzung baut Küste auf, gleichzeitig werden Vorsprünge durch Abrasion (z. B. Kliffs) zurückverlegt. Für Häfen wenig geeignet, hoher Kostenaufwand.

Nehrung: Strandwall, der als schmale, langgestreckte Landzunge zwei vorspringende Küstenkliffs verbindet, eine Meeresbucht abschließt, die evtl. bereits verlandet *(Haff)*. Meist mit Dünen besetzt; Badestrand, besonders an Neben- und Binnenmeeren.

Haken: frei gegen das offene Meer endende Nehrung, meist an ihrem freien Ende in Landrichtung zurückgebogen.

Lido: Nehrung im Bereich von Deltamündungen, beidseitig oder einseitig ohne Landverbindung. *Prototyp:* venezianische Küste. Badestrand.

Tombolo: Nehrung, die Insel mit dem Festland verbindet.

Verschleppte Flußmündung: durch einen Strandwall oft mehr oder weniger stark abgedämmt und in Richtung der Strandversetzung verschleppt, besonders bei periodischen Flüssen (Mittelmeergebiet). Hinweis auf Wasserströmungen!

Strandsee: Bucht des Meeres, die mehr oder weniger vollständig vom offenen Wasser durch Nehrung, Strandwall abgeschnürt ist. (→ Haff, Liman, Noor)

Haff (= Lagune, Etang, Estero): durch Haken abgetrennter Strandsee zum offenen Meer. Geringe Wassertiefe. Entstehungsbedingungen: gezeitenschwache Küste, starke küstenparallele Strömung. Nur kleine Häfen. Neigt zur Verlandung. Bewuchs: Schilf, Rohr (Signaturen!),

Liman: Sonderform des Haffs, dessen Längsachse senkrecht zur Küstenlinie verläuft. Infolge Nehrungsverschlusses ertrunkenes Tal. Abschluß muß nicht vollständig sein. Verlandungen.

Noor: ein im inneren Winkel einer Meeresbucht durch Nehrung abgeriegelter Strandsee.

Dünen: durch Wind angewehte und aufgehäufte Staub- oder Sandmassen von verschiedener Formgestaltung. Je nach Maßstab zu erkennen: Parabeldüne, Barchan, Längsdüne, Strichdüne, Dünenfeld etc. Allgemein: flachere Luv-, steilere Leeseite. Meistens küstenparallel, Dünengürtel, Strandwall. Vordünen kaum bewachsen, dahinter festgelegte Dünen (Strandhafer, Kiefernwald mit Krüppelformen). Vegetationsfreie Küstendünen manchmal Wanderdünen. Darstellung von Dünen durch Isohypsen bei genügender Höhe, sonst durch Schraffen.

2. Steilküsten

Kliff (frz. ,,falaise"): steiler Abtragungshang an Küsten. *Karte:* starke Isohypsenscharung in unmittelbarer Küstennähe. Auch Felssignatur. Oft scheinen Isohypsen senkrecht auf Küste zuzulaufen, enden in Isohypsenbündel oder Felssignatur.

Kann als Dünen- (bzw. Sand-, Ton-, Geschiebelehm-)Kliff mehrere Zehner von Metern hoch sein, als Felskliff mehrere hundert Meter. Regrediert das Meer, kann aktives Kliff zum inaktiven, toten Kliff werden. *Karte:* Kliff liegt binnenwärts, Strand davor, evtl. auch Straße, etc.

In der Nähe von Kliffs, in kleinen *Buchten*, wird Material an Ausgleichsküsten mit feinsandigen Stränden abgelagert (Badestrände in geschützten Buchten, Fremdenverkehr). Wie exponierte Stelle einer Kliffküste auch ihre Buchten häufig für Anlage von großen Häfen wenig geeignet.

3. Ins Land eingreifende Meeresbuchten

Förde: langgestreckte Meeresbucht in flacher glazialer Aufschüttungslandschaft (→oben). Landeinwärts verengend, schmal bis trichterförmig. Meist abgeschlossen durch Endmoränenzug. *Genese:* Gletscherzunge drang in ehemals ausmündendes Flußtal (evtl. tektonisch vorgezeichnet: Salztektonik, Zechstein) in schwach bewegtem Relief aufwärts. Zufließender Fluß wurde durch Endmoräne abgeriegelt. Heute oft wieder Entwässerungsbecken des Festlandes. Meist mit Häfen. *Vorkommen:* Kiel bis nördliche Ostküste Jütlands; z. B. Kieler „Förde", Eckern„förder" Bucht, Flensburger „Förde", Apenrader „Förde".

Fjord: ertrunkenes eiszeitliches Trogtal. Weit ins Land eingreifend, tief eingeschnitten in einer Hochgebirgsküste, sehr tief (oft mehrere Hundert bis 1300 Meter). Querprofil durch glaziale Überformung wie Trogtal U-förmig. Entsprechend den Trogtälern können Seitenfjorde ungleichsohlig als „hängende Fjorde" in Hauptfjord münden. Auch Wasserfälle. Verhältnismäßig fischarm. Hafenfeindlich: nur kleinere Häfen oder künstliche Anlagen. Isobathenverlauf beachten!

4. Typen der Flußmündung

Delta: Flußmündung mit großem Mündungsareal. Schwemmkegel sedimentreicher Flüsse bei geringem Tidenhub (typisch: Binnenmeere). Häufige Bettverlagerungen, Altwässer, mehrere Mündungsarme, Bifurkationen (→3.4.3). Für Häfen sehr ungünstig, befinden sich meist am Rande. Bei Flußmündungen in Seen fast immer Deltabildung.

Ästuar: durch Gezeitenströmung trichterförmig, schlauchförmig erweiterte Flußmündung meist größerer Flüsse. Hafenanlagen relativ teuer durch starke Gezeitenunterschiede (Docks etc.).

Ria: Flußmündung mit weit ins Land hineinreichender trichterförmiger Bucht. Breites, tiefes gebirgiges Kerbtal, dessen Längsachse meist mehr oder weniger senkrecht zum allgemeinen Küstenverlauf liegt. Großer Trichter, unverhältnismäßig kleiner Flußverlauf. *Voraussetzungen:* kräftig reliefiertes Gebirge an der Küste, hoher Tidenhub (sonst Versandung). Verläuft vom Meer überflutete Talung mehr oder weniger parallel zum allgemeinen Küstenverlauf: Begriffe Cala, Calanca und Canali bevorzugt. Schottische Bezeichnung Firth für größere Buchten und ertrunkene Flußmündungen (= Ria) verwendet, aber auch für Meeresstraßen, Passagen zwischen kleineren Inseln und der Hauptinsel.

3.3 Gesteinsuntergrund und Böden

3.3.1 Vorbemerkung (→ II, 4.2.1 und II, 4.2.3)

Qualitative oder gar quantitative Angaben über Gesteinsuntergrund nur in seltensten Fällen direkt aus Topographischer Karte abzulesen (dafür Geologische Karte heranziehen; → II/4.2.1). Dennoch durch indirekte Hinweise Aussagen über Untergrund vor allem durch Verbindungen zum Relief, zu Gewässern, Vegetation und verschiedenen Möglichkeiten der menschlichen Nutzung und Ausbeutung möglich.

Einfacher als eindeutige Angaben über *Gesteinsart* sind oft Aussagen über *Gesteinslagerung* und *Tektonik* Topographischen Karten zu entnehmen. Anschließend daran Analyse und Interpretation des Gesteinsuntergrundes im Hinblick auf *Lagerstätten* und *Böden* möglich.

3.3.2 Gesteinslagerung

Lagerung von Sedimentgesteinen im Schichtstufenland relativ leicht anzugeben. Sowohl Streichen als auch Fallen der Schichten (→3.2.3) belegbar; Mächtigkeit anhand von Quellhorizonten nachzuweisen. Einfallswinkel aus ungefährer Neigung der Landterrasse, ihrer Ausdehnung sowie in Stufen querenden Tälern an Strukturterrassen zu belegen.

3.3.3 Tektonik

Auswirkungen der *Bruchtektonik* sowie der *Faltentektonik* sowohl in Sedimentgesteinen (gestörte Lagerung; tektonische Leitlinien) als auch in Massengesteinen (hauptsächlich an tektonischen Leitlinien) auf Karten zu erkennen. Strukturierung der Erdoberfläche kommt als passiver Faktor in der Oberflächengestaltung zum Ausdruck.

Geländestufen also sowohl Denudationsstufen (Schichtstufe → oben) als auch tektonische Stufen (Bruchstufe, Flexurstufe). Tektonische Störungen, Falten, Brüche und Verwerfungen an geradlinigen Strukturformen sowie an Unregelmäßigkeiten im Flußnetz zu erkennen.

Typische Merkmale von Grabenbrüchen (z. B. Rheintal) können sein:
- geradlinige Strukturen,
- sehr breite Talsohle (kann auch andere Ursachen haben, z. B. Urstromtäler o. ä.),
- scharfe Trennung Talboden/Hang (kann verwischt sein),
- Bruchschollen, am Grabenrand als Staffeln zu erkennen; stufenartige Abtreppung,
- Vulkanismus als Begleiterscheinung (Kaiserstuhl).

An Verwerfungslinien findet sich häufig Vulkanismus mit seinen Begleiterscheinungen (→3.2.6).

In Mitteleuropa einige *Hauptverwerfungsrichtungen* immer wieder festzustellen, für Deutschland gilt etwa:

– herzynisch NW-SE,
– variskisch NE-SW,
– rheinisch nahezu N-S.

Verbiegungen, Falten, Flexuren auch durch vorherrschende Richtungen auf dem Kartenblatt gekennzeichnet. *Beispiel:* Faltenbau des Faltenjura (zahlreiche Schweizer Karten). Talformen unterstreichen tektonische Leitlinien, wichtig hier Quertalungen als Taldurchbrüche („Cluse").

Ebenso *Schichtrippen:* ein aus wechselnd widerständigen Gesteinen bestehendes Schichtpaket wird bei Hebung steil aufgerichtet, Erosion präpariert widerständige Gesteine heraus. *Karte:* geradlinig verlaufende Höhenlinien mit meist asymmetrischem Profil.

3.3.4 Gesteinsart

Aussagen können allgemein gehalten sein (Widerständigkeit, Durchlässigkeit etc.) oder auch konkreter (Löß, Kalkstein etc.). Auf alle Fälle beziehen sie sich in erster Linie auf anstehendes *Gestein* und erst in zweiter Linie auf betreffende *Formation* (d. h. den stratigraphischen bzw. den erdgeschichtlich chronologischen Abschnitt). Letztere Aussagen bereits eine Anwendung vorgegebenen Wissens. Geographisch relevanter die Aussage über das anstehende Gestein.

Widerständigkeit des Gesteins bestimmt, ob Formen scharf und zackig oder mehr abgerundet erscheinen (*Vorsicht:* Alter der Formen, Klimaeinflüsse etc. spielen wichtige Rolle: Formenunterschied Alt-/Jungmoränenlandschaft). Scharfe Formen auf Karte oft durch Steilränder, Felssignaturen unterstrichen; gerundete Formen geben mehr „kuppiges" Relief oder gar Isohypsenknitterung (unruhiger Verlauf der Isohypsen – Rutschgelände, Abb. 19). Wesentliche Aussagekraft erhalten hier auch Talformen,

Abb. 19:
Isohypsenknitterung: „Rutschgelände" in wenig widerständigem Gestein; L 7718 Balingen, 1 : 50 000

vor allem durch das Vorkommen unterschiedlicher Talweite auf mehr oder weniger engem Raum (vgl. Talformen beim Übertritt von Keupersandsteingebieten in Muschelkalkgebiete).

Weiterhin von allgemeiner Bedeutung ist *Durchlässigkeit*, vor allem für Böden (→ 3.3.6). Hier auch Schlüsse auf Grundwasserstand: große Durchlässigkeit deutet wahrscheinlich auf niedrigeren Grundwasserstand, während bei weniger durchlässigem Gestein Grundwasserstand höher liegen dürfte (wieder Zusammenhang mit Böden, aber auch mit Quellen beachten). Grad der Durchlässigkeit am besten an Flußdichte zu messen (Vorsicht: Faktor Klima!); wesentlicher Hinweis aus dem Verhältnis Flußdichte/Taldichte zu erhalten: große Zahl von Trockentälern deutet auf starke Durchlässigkeit hin. Verbunden damit auch große Quellschüttung im Randbereich (Karstquellen).

Häufung von Wasserbehältern kann mit Durchlässigkeit des Gesteins zusammenhängen, meist aber in Zusammenhang mit Wassergewinnung (z. B. in Flußniederungen). Für exakte Berechnung von Flußdichte und Taldichte aus topographischen Karten → FEZER (1976). Für Karteninterpretation genügen aber meist vergleichende, also relative Angaben.

Kriterien für Unterscheidung *Sedimentgestein/Massengestein* vor allem die unter 3.3.2 genannten. So dürfte z. B. ein durch mehrere Quellen auf größere Entfernung festgestellter Quellhorizont an Gesteinslagerung der Sedimentgesteine gebunden sein (evtl. Sedimente diskordant auf Massengesteinen). Verallgemeinernd kann für das Grundgebirge behauptet werden, daß es sich um widerständige und undurchlässige Gesteine handelt (in verschiedenen Abstufungen!). Weitere Hinweise: Ag-, Fe-, Zn-(etc.)-Lagerstätten oft im Grundgebirge vergesellschaftet.

Spezielle Hinweise auf *Art des Gesteinsuntergrundes* durch Steinbruch- und ähnliche Signaturen (vor allem der Nutzung, → 3.3.5). Steinbrüche gehörten ursprünglich zu jeder Siedlung, auch wenn abgebautes Gestein nicht überregional bedeutsam. Kartenhinweis nur für moderne Großbetriebe mit großer flächenhafter Erstreckung, entsprechenden Gebäuden und Zufahrtsstraßen.

Kalk:

– Formenschatz des Karst (→ 3.2.5),
– steile Geländeformen, Felswände, Klippen, Wandschuttfächer, Bergstürze (Kalkalpen),
– geringe Flußdichte: wasserdurchlässig,
– große Widerständigkeit,
– oft unbewaldet: Gäuflächen im Muschelkalk, Liasplatten,
– Zementwerke (Mergel, Ton + Kalk),
– Schotterwerke.

Sandstein:

– wenig fruchtbare Böden,
– oft bewaldet (Nadelwald), z. B. auf Buntsandstein (Schwarzwald), Dünen, Sandern: Kiefern,

- trocken: wasserdurchlässig,
- Ziegeleien (Ton + Sand),
- Gruben.

Ton:
- wenig widerständig,
- wasserundurchlässig bis quellfähig,
- Rutschungen (Isohypsenknitterung),
- Ziegeleien,
- Zementfabriken (wenn der Kalk nicht zu weit entfernt ist).

Löß:
- standfest: Hohlwege (Signatur), Terrassen,
- gute Böden: Nutzung intensiv, hohe Siedlungsdichte,
- Ziegeleien.

Hinweise auf *vulkanische Gesteine:* ,,Basaltwerke" etc. *Wichtig* auch: Quarzitrippen z. B. im Taunus mit ihrer Fortsetzung ins Rheintal: Stromschnellen etc. (Weiteres *Beispiel:* Bayrischer Pfahl, L 6944 Zwiesel und L 7144 Regen). Darüberhinaus natürlich aus vulkanischem Formenschatz (→ 3.2.6.) auf vulkanische Gesteine schließen.

3.3.5 Lagerstätten

Erkennbar an Signaturen, Orts- und Flurnamen, an ihrer Nutzung, d..h. Ausbeutung und Weiterverarbeitung (Fabriken, Hammerwerke etc.). Viele Namen und Signaturen deuten auf Ausbeutung in historischer Zeit hin (z. B. mittelalterlicher Erzbergbau in den Mittelgebirgen). Im einzelnen zu Signaturen und Beschriftung oft unterschiedliche Deutungen (s. auch SCHICK 1985):

Grube: Sand, oft mit See, Kies, oft mit See, Braunkohletagebau, Eisen etc.;

Hammerwerk: Verarbeitung von Eisen etc.;

Hütte: Verarbeitung von Eisen etc.;

Schacht: Steinkohlebergbau bzw. Braunkohlebergbau; Hammersignaturen (,,Schlägel"). Signatur auf dem Kopf: stillgelegter Bergbau;

Sole: Salzabbau; siehe auch Namen mit ,,Hall", ,,Sulz" etc.;

Steinbruch: wenig eindeutig; Schotter aus Kalkstein oder Sandstein. Auch Basalt, Granit, Tuff, Bimsstein, Quarzit, Gips, Schiefer etc. (→ oben);

Zementfabrik: Zement aus Kalkstein, Ton, Sand (Zementkalk + Zementmergel);

Ziegelei: Lehm + Ton + Sand, oft in Flußauen, Moränen, bei Lößvorkommen.

Lagerstätten ziehen oft eine Vielzahl anthropogener Einrichtungen nach sich (Ruhrgebiet). *Wichtig:* Nutzbarkeit auch abhängig von Wirtschaftlichkeit und technischem Fortschritt. Oft also Wandel zu bemerken.

Tagebau auffällig mit Gruben, Abraumhalden, Seen, rekultivierten Flächen und entsprechenden Siedlungen.

3.3.6 Böden

Nur sekundär erkennbar über Vegetation, Bodennutzung und Siedlungsdichte bei landwirtschaftlicher Grundlage. Boden ist Ergebnis bodenbildender Faktoren: Klima, Vegetation, Gestein, Relief, Wasser und menschlicher Wirtschaft. Unterschiedliche Böden auf kleinem Raum weniger durch Klima als vielmehr durch Gestein bestimmt.

Nach topographischer Karte können *Bodengüte* und mögliche *Abhängigkeit vom Gestein* beurteilt werden.

Aussagen über *Bodengüte* richten sich nach *Vegetation, Bodennutzung* und *Lage zum Grundwasserspiegel.*

Vegetation und *Bodennutzung:* freie Flächen ohne Signaturen oder Wiese, Weide: Kulturland mit unterschiedlicher Intensität genutzt. Art der Nutzung kann Aussage über Boden erlauben; z. B. „Zuckerfabrik": Zuckerrüben, gute Böden. *Vorsicht:* wirtschaftlichen und klimatischen Faktor nicht vernachlässigen. *Ausnahmen:* Bei signaturfreien Flächen kann es sich auch um Brache handeln oder um Truppenübungsplätze (diese aber oft in landwirtschaftlich wenig ergiebigen Gebieten!) o. ä. wie Schotter, Dünen etc. Waldsignatur: Abstufungen beachten: Laubwald, Auewald (Auelehm), Nadelwald (verträgt schlechtere Böden), Heide, Moore, Sümpfe. Andere Einflüsse auf die Vegetation ($\rightarrow$ 3.5) berücksichtigen!

Lage zum Grundwasserspiegel: Vernässungen abhängig von Niederschlägen (Hochmoor). Feuchte Böden (Gleiboden) in der Aue; bei Vernässungssignaturen: Moore etc.; Mergel, Tone, Lehme wenig durchlässig, stauend. Flurnamen: -au, -ried, -wiese etc.

Böden nach ihrer Abhängigkeit vom Gestein zu beurteilen setzt meist voraus, den Gesteinsuntergrund erkannt zu haben. Mögliche *Beispiele* hier Bodenbildungen auf *Kalk* und *Löß:*

Kalk:

— mitteleuropäisches Klima, je nach Hanglage, Vegetation, Exposition: Rendzinen (Südhänge humusarme Rendzinen);
— in den Alpen je nach Klima: Kalksteinbraunlehme (terra fusca), degradierte Rendzinen, Podsole;
— im Mittelmeerraum mediterrane Roterden (terra rossa).

Löß:

— in mehr ozeanischem Klima ab 500 m Ns unter Eichen-/Buchen-/ Hainbuchenwald: Braunerden; unter künstlichem Nadelwald oder Heide sekundäre Podsole;
— in warmem, nicht zu feuchtem Klima auf Hochflächen mit gehemmtem Abfluß: Rendzina;

- unter sehr humidem, kühlem Klima auf Hochflächen mit gehemmtem Abfluß: Stauwasserböden;
- aus verschwemmtem Löß in Niederungen Aue- oder Gleiböden.

Auf vulkanischen Gesteinen oft sehr fruchtbare Böden anzutreffen. Auf Basalten, Phonolithen, usw. in Mitteleuropa Böden mit hohem Humusgehalt des A-Horizontes, schwarzerdig.

3.4 Gewässer

3.4.1 Vorbemerkung (→ II, 4.2.5)

Gewässer können bestimmende Bestandteile einzelner Landschaften sein, sowohl durch Auftreten und Erscheinungsformen als auch durch Rückwirkung auf andere Elemente der Landschaft. Ebenso kann eine Landschaft durch Fehlen von Flüssen und Seen ausgezeichnet sein.

Auf Karte in erster Linie Einblick in oberflächliche Gewässer; unterirdische kommen erst in Quellen zutage. Interessant also *Seen, Flüsse, Quellen.* (Gletscher → 3.2.4). Besondere Hilfe: hydrographisch-morphologische Auszüge aus topographischen Karten, z. B. der deutschen Topographischen Karte 1 : 50 000. Liegen für verschiedene Blätter vor. Anfertigung eines hydrogeographischen Deckblattes läßt viele Einzelerscheinungen sehr gut hervortreten, ist aber relativ arbeitsintensiv.

Wichtig: Interpretation der Karte unter hydrogeographischen Aspekten kann nicht alleine stehen; sehr enge Beziehungen zu anthropogeographischen Faktoren (Siedlung, Wassernutzung etc.) ergeben zahlreiche geographische Gesetzmäßigkeiten und sollten bei jeder Interpretation Hauptausrichtungspunkt hydrogeographischer Betrachtung sein. Ebenso Verbindungen zur Morphologie bedeutsam.

Allgemeine Aussagen über Gewässer eines Kartenblattes sollten Angaben über *Gewässernetzdichte, Entwässerungsrichtung* und über *Linienführung* fließender Gewässer enthalten, sowie Aussagen über Art und Grad der *Beziehungen* (Abhängigkeiten?) zu anderen physischgeographischen Faktoren (Klima, Geologie, Talformen etc.)

Unter *Gewässernetzdichte* versteht man Anteil der Gewässer an vorhandener Fläche, d. h. z. B. Flußdichte = Summe der auftretenden Flußlängen pro Flächeneinheit. Unterschiedliche Besetzung der Areale mit Gewässern im allgemeinen in Abhängigkeit vom Untergrund und von Niederschlagsmenge des Gebiets begründet (Ausnahme: Fremdlingsflüsse o. ä., relativ selten). Wichtig für Karteninterpretation nicht unbedingt exakte zahlenmäßige Quantifizierung, sondern viel eher relative Angaben; Vergleiche mit anderen Gebieten oder Kartenausschnitten zur Charakterisierung dieser Räume. Über Möglichkeiten exakter Angabe → FEZER (1976).

Bei Feststellung der *Entwässerungsrichtung* ebenfalls nicht notwendig, jeden einzelnen Fluß im Detail zu verfolgen, sondern Entwässerungssysteme und deren vorherrschende Entwässerungsrichtung festzustellen. Dabei ist Zugehörigkeit zu bestimmten

Entwässerungssystemen (z. B. rhenanisch, danubisch etc.) wichtig (besonders bei Wasserscheidenfeststellungen!); ebenso können aber auch lokal vorherrschende Entwässerungsrichtungen wesentliche Aussagen ermöglichen, z. B. über bestimmte vorgegebene tektonische Leitlinien (z. B. variskische Entwässerung in deutschen Mittelgebirgen häufig! vgl. Abb. 14). Auf spezielle Fälle wie Binnenentwässerung, d. h. Entwässerung ohne Abfluß zum Meer, gesondert hinweisen.

Linienführung → unten.

Im folgenden Gliederung nach *Gewässerarten, Wasserscheiden* und *Wassernutzung.*

3.4.2 Gewässerarten

Wesentlichste Unterscheidung der Gewässerarten trennt *stehende* von *fließenden* Gewässern, d. h. also Seen, Sümpfe und Moore von Flüssen. Fließrichtung mit Pfeilen angegeben.

Unterscheidung der fließenden Gewässer nach der *Wasserführung* kann Aufschlüsse geben über andere Bezüge wie Gestein und Klima:
- *perennierende Flüsse* fließen ständig, auch bei jahreszeitlichen Schwankungen, (auch hierzu von Karte Aussagen möglich, → unten);
- *periodische Flüsse* (gestrichelte Signatur) meist in jahreszeitlichem Wechsel (Fiumare, Torrenten, Versickerungen).

„*Episodische*" *Flüsse* in Mittel- und Westeuropa unwesentlich. Wasserführung auch abhängig vom Einzugsbereich.

Natürliche von *künstlichen* Gewässern zu trennen, z. T. leicht (Kanäle, Stauseen), z. T. schwerer (Flußregulierungen o. ä. Eingriffe des Menschen). Auffallend beim Vergleich Geest/Marsch: Marsch mit Entwässerungskanälen, Geest mit natürlicher Entwässerung.

Flüsse

Bezeichnungen Bach, Fluß und Strom zunächst gefühlsmäßige Unterscheidungen. In der Regel Bäche und kleinere Flüsse nur solche Gewässer, die nicht beschiffbar sind. Da genaue Quantifizierung, vor allem bei kleinmaßstäblichen Karten, ohnehin wegen Generalisierung der Signaturen nahezu unmöglich ist, sind Bezeichnungen in ihrer ganzen Ungenauigkeit allenfalls adäquat. Ebenso unbefriedigend oft Unterscheidung in Haupt- und Nebenflüsse, vor allem in Grenzfällen, wenn beim Zusammenfluß zweier Flüsse beide ähnliche Wasserführung haben, oder genauer: auf der Karte gleich breit eingezeichnet sind und Beschriftung (Name) keine eindeutige Aussage ermöglicht.

Aussagen über *Linienführung* sollten Geradlinigkeit, Mäanderbildung, Flußverwilderung und Regulierungen betreffen. *Geradlinigkeit* eines Flußverlaufes im wesentlichen von Wasserführung, Gefälle und anthropogenen Einflüssen abhängig. Geradlinig verlaufende Flüsse besser beschiffbar. *Mäander* = Schwingungen des Flußverlaufs, besonders in Flußabschnitten mit annähernd ausgeglichenem Materialtransport. Morphologisch interessant (→ 3.2.2). Bei großmaßstäbigen Karten *Flußverwilderungen* feststellbar (Abb. 20): Aufspaltung des Flusses in mehrere Arme, bedingt durch grobkörnige Ablagerungen und starke Wasserschwankungen (Torrenten, Flachstrecken alpiner Flüsse). Schwer schiffbar. *Flußregulierungen* (Abb. 21) sollen Menschen schützen und/oder Fluß besser nutzbar machen. *Karte:* geradliniger Verlauf des Flusses, Altwässer, abgetrennte ehemalige Mäander, Befestigungen (Buhnen, Dämme etc.) o. ä. Zur Wassernutzung → 3.4.4. Schutz soll gewährt werden vor Übertritten (jahreszeitlich bedingte Wasserstandsschwankungen; Dämme) des Flusses sowie vor Flußverlagerungen (beim Mäandrieren wichtig für Siedlungsplätze). Folge der Flußregulierung oft eine Begradigung, verbunden mit Verkürzung des Flußverlaufs und somit auch mit verstärkter Erosionskraft. Gegenmaßnahmen: Staustufen (Karte!). Darüberhinaus meist mit Absenkung des Grundwasserspiegels verbunden.

Über *Wasserführung* kaum Aussagen zu machen, höchstens indirekt (Ablagerungen, Breite), und auch das nur sehr schwer (Generalisierung!). Trotzdem sehr wichtig für Nutzung. Ungefähre Angaben über Breite aus Signatur (relativ jedenfalls) möglich; evtl. Rückschlüsse aus Schiffahrt (Hafenanlagen o. ä.). Ablagerungen in Form von Kies-, Sand- oder Schlammbänken als Anzeichen zeitlich und räumlich wechselnder Wasserführung in Abhängigkeit von Gefällsvariation und witterungsbedingten Wasserstandsschwankungen. Ursachen können verschieden sein (Klima, Einzugsgebiet). *Karte:* Punktsignaturen am Rande, blaue Flußsignaturen füllen Bett nicht aus, Inseln etc. Bei besonders starken Ablagerungen Dammflüsse.

Gefälle: Verhältnis von Höhenunterschied und Lauflänge eines Flusses. Angaben in Prozent oder in Promille. *Wichtig:* absolute Zahlen sagen oft weniger aus als Vergleiche (ein Fluß an zwei verschiedenen Abschnitten; zwei verschiedene Fluß-

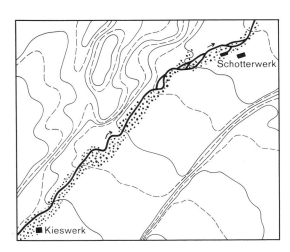

Abb. 20:
Flußverwilderung, Kies- und Sandablagerungen der Oker nach ihrem Austritt aus dem Harz; L 4128 Goslar, 1 : 50 000

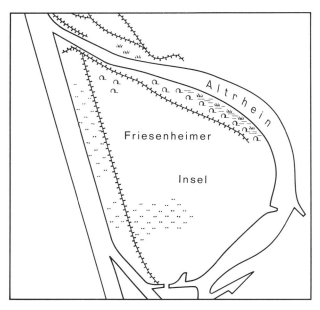

Abb. 21:
Flußregulierung;
L 6516 Mannheim,
1 : 50 000

systeme). Gefälle nimmt gewöhnlich von der Quelle bis zur Mündung allmählich ab. *Brechpunkte* im Längsprofil (→ 3.2.2) an folgenden Stellen:

- beim Übertritt in verschieden reliefstarkes Gebiet, d. h. Grenze Gebirge/Hügelland, Hügelland/Flachland,
- bei Änderung des Abflußquerschnittes,
- bei Flußverkürzungen,
- bei Gesteinswechsel des Untergrundes.

Bezüge sind also: Relief, geologischer Untergrund und menschlicher Einfluß. Wasserfälle und Stromschnellen bei Flußverkürzungen (z. B. Abschneiden von Mäanderhälsen, Umlaufberg → 3.2.2; oder anthropogen: Flußbegradigung), hängenden Tälern (→ 3.2.2) und Anzapfungen (→ 3.2.2). *Karte:* Signatur, Mühlen, Name „Lauffen", Staustufen, Elektrizitätswerke o. ä. Unterschiedliches Gefälle verschiedener Flußsysteme beim „Kampf um die Wasserscheide" wichtig.

Seen

Besser: *Binnenseen.* Wasseransammlungen in Hohlformen des Festlandes ohne unmittelbaren Zusammenhang mit dem Meer. Wasserabgabe durch Verdunsten oder Abflüsse. Als Seen meist nur natürliche Gewässer bezeichnet, künstliche sind: Teiche,

Weiher und Staubecken, wobei Teiche und Weiher von geringer Tiefe sind. Bezeichnungen von der Karte her nicht genau zu trennen (künstliche Anlagen evtl. regelmäßiger). Als Meere werden oft große Binnenseen bezeichnet, selten auch kleinere („Steinhuder Meer"). *Beachte:* im Niederländischen: Meer = dt. Binnensee, nl. Zee = dt. Meer.

Höhe des Seespiegels über NN oft auf der Wasseroberfläche blau angegeben, Aussagen über *Tiefe* meist nur bei eingezeichneten Isobathen möglich, z. T. in schwarzer Schrift eingezeichnet.

Größe des Sees (Fläche des Wasserspiegels) kann meist auf Karten vermessen werden, da von einer gewissen Größe an (abhängig vom Maßstab) Wiedergabe flächentreu sein sollte.

Unterscheidung natürlicher und künstlicher Seen (→ oben) von der Karte her nicht immer genau zu belegen: Umrißformen, Staudämme, Nutzung etc. können Hinweise geben (Stauseen → unten). Abflußlose Seen sind von solchen mit Abfluß zu trennen. *Beachte:* auf Karte wird nur oberflächlicher Abfluß eingezeichnet. Abfluß kann aber auch durch Grundwasser, durch Wasserleitungen (oft eingezeichnet) oder aber nur durch Verdunstung gegeben sein. Bei Seen mit Abfluß Vergleich von Abfluß und Zufluß aufschlußreich.

Verschiedene Möglichkeiten der *Klassifikation* von Seen; hier *nach der Genese:*

1. durch *exogene* Kräfte verursacht:
a) *Abdämmungssee:* fließendes Wasser durch Damm aufgestaut, z. B. Bergstürze; Lawinenstausee, Lavastausee, Moränenstausee, Strandwallsee, künstliche Dammseen (→ 3.2.4);
b) *Eintiefungssee:* erosiv o. ä. entstanden, z. B. Rinnenseen Norddeutschlands, Sölle (kleine runde, wassergefüllte Hohlform im Boden ehemals vergletscherter Gebiete), Toteisseen (→ 3.2.4.2);

2. durch *endogene* Kräfte entstanden:
a) *Bruchseen* in Grabenbrüchen etc. (Erkennen von Brüchen → 3.3.3);
b) *Faltungssee* in synklinalen Längstälern o. ä. (→ 3.2.2);
c) *vulkanische Hohlformen* (z. T. Abdämmungsseen!): Krater, Maar (→ 3.2.6).

Einteilung mit Vorsicht zu benutzen: oft sind verschiedene Vorgänge überlagert. Überschneidungen mit Geomorphologie (bereits Klassifizierung der Seen nach der Genese der Seebecken!).

Klima: Wasserführung der Seen hängt vom Klima ab, andererseits haben aber Seen auch Rückwirkungen auf das Klima. Ausgleichender Effekt des Bodensees führt z. B. zu zahlreichen Folgeerscheinungen: Landnutzung, Siedlung etc.

Verlandung (Abb. 22) von Seen oft am Rande zu erkennen (Schilfsignatur). Übergang zu Sümpfen und Mooren (→ Vegetation, 3.5).

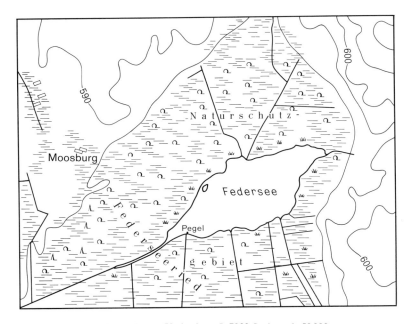

Abb. 22: Federsee: Verlandung; L 7922 Saulgau, 1:50 000

Quellen

Meist eigene Signatur für Quellen, ansonsten Anfang fließender Gewässer. Wichtig für Karteninterpretation: Begriffe der Schichtquelle, Karstquelle, Therme, des Quellhorizontes, sowie Feststellungen über Quelldichte und evtl. Quellschüttung. Rückschlüsse meist auch auf den geologischen Untergrund, Schichtlagerung etc.

Schichtquellen gehören zum Typ der absteigenden Quellen, befinden sich an Grenze von Grundwasserstauer zum Grundwasserleiter. Können daher, wenn sie als *Quellhorizont* (Abb. 23) auftreten (= Häufung von Schichtquellen entlang dem oben beschriebenen stratigraphischen Horizont), Anzeiger für Schichtlagerung sein und Rückschlüsse auf Art und Mächtigkeit der anstehenden Gesteine geben.

Karstquellen ebenfalls absteigende Quellen mit oft sehr großer Quellschüttung. *Karte:* starke Wasserführung, oft bereits am Oberlauf Mühlen. Grenzschicht von Grundwasserstauer/-leiter oft von Schuttmantel verhüllt, wodurch Austritt erst am Fuß als Schuttquelle erfolgt.

Von besonderem wirtschaftlichem Interesse: *Thermal- und Mineralquellen.* Besondere Signatur, Nutzung durch Bäder, Mineralwasserfabriken (→ nachvulkanische Erscheinungen, 3.2.6); Hinweise auf Bruchtektonik.

Abb. 23:
Quellhorizont
in ca. 520 m;
L 7718 Balingen,
1 : 50 000

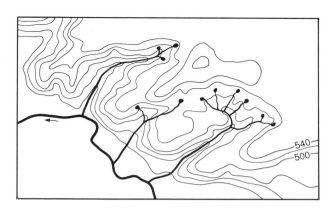

Von geomorphologischem Interesse in Verbindung mit Quellen: *Sinterkalkablagerungen* in unmittelbarer Nähe des Wasseraustritts (nahe Kalkgestein); oft auch wirtschaftlich genutzt (Baustein; Steinbruchsignatur).

Relative *Quelldichte* gibt allein Aufschlüsse über Grundwasserströme im Kartenbereich (vor allem wichtig für Karst o. ä.). Hier künstliche Quellen einschließen – Brunnen.

3.4.3. Wasserscheiden

Wasserscheide = Trennungslinie der Einzugsbereiche von Flüssen oder Flußsystemen; ebenso von Meeren: Trennungslinie verschiedener Entwässerungssysteme mit unterschiedlicher Entwässerungsrichtung.

Festlegung der *oberirdischen* Wasserscheide muß sich an orographisch höchste Punkte halten, jedoch Wasserscheide nicht immer besonders markant relieffiert. Kann im einzelnen schwer zu bestimmen sein. Dazu kommt Ungenauigkeit der *unterirdischen* Wasserscheide, die von Karte her überhaupt nicht zu bestimmen ist.

In besonders flachen Grenzgebieten zweier Flußsysteme kann es zu *Bifurkation* kommen, d. h. es liegt keine eindeutige Wasserscheide vor, da die Flüsse je nach Wasserstand zu verschiedenen Vorflutern gleichzeitig abfließen. *Karte:* Pfeil deutet vorherrschende Fließrichtungen an. Zweiter interessanter Fall kann eintreten, wenn zwei Flußsysteme unterschiedliches Gefälle und somit unterschiedliche Erosionskraft haben und es zur *Flußanzapfung* kommt. Rezente Wasserscheidenveränderungen festzustellen (→ 3.2.2).

Über *lokale Wasserscheiden* hinaus solche von größerem Ausmaß wichtig, z. B. *kontinentale Wasserscheiden*. Auf großmaßstäblicheren Karten kontinentale Wasserscheiden oft nur bei vorgegebenem Wissen zu erkennen, dagegen bei kleineren Maßstäben Schlüsse meist belegbar.

Talwasserscheiden als natürliche Durchgangslinien von großer Bedeutung für allgemeinen Verkehr. Entstehen, wenn ehemaliger Talverlauf heute nach zwei Richtungen entwässert wird; daher oft Folge der Talanzapfung.

3.4.4 Wassernutzung

Wasserwirtschaft richtet sich nach dem Wasserhaushalt, verwertet Wasserkräfte und umfaßt Bewässerung, Entwässerung, Trink- und Brauchwasserversorgung sowie Abwasserreinigung.

Nutzungsmöglichkeiten:

Verkehr auf Flüssen und Kanälen (Anlagestellen, Häfen, Befestigungen; → Schiffahrt, 3.10.5);

Be-/Entwässerung (Kanäle, Mühlen o. ä.). Nicht immer zu unterscheiden. Häufig auch miteinander verbunden: zu Bewässerung gehört sinnvollerweise Entwässerung. Entwässerung alleine oft verbunden mit Sumpfsignaturen oder Lage unter NN;

Fischzucht (Anlagen: Teiche o. ä.);

Wasserversorgung (Fernwasserleitungen, ,,Wbh", ,,Pw");

Erholung (Freibäder, Schiffsanlegestellen, verbunden mit Wirtshäusern, Campingplätzen etc.);

Energie (Stauseen, Staustufen, Kraftwerke, Hochspannungsleitungen, Pumpspeicherwerke, Mühlen, Sägewerke; Hammerwerke: historisch);

Industriebedarf z. B. zur Kühlung von Kraftwerken, chemische Industrie etc. (Industrieanlagen am Wasser, evtl. Wasserleitungen);

Abwässer (Industrie, Kläranlagen o. ä).

Auf Wasserschutzgebiete wird gesondert hingewiesen.

Stauseen

Vielfältige Bedingungen für Anlage von Stauseen: geeignete Hohlform, meist Tal; festes Gestein; ausreichender Wasserzufluß, abhängig von Einzugsbereich der Zuflüsse und Niederschlägen. Ebenso Grund für Anlage von Stauseen meist mehrfach; *Möglichkeiten:*

Energiegewinnung;

Zurückhalten jahreszeitlich bedingter Niederschläge, Hochwasser (besonders im Hochgebirge);

Wasserreserven für niederschlagsarme Zeiten;

Grundwasserregulierung im Vorland;

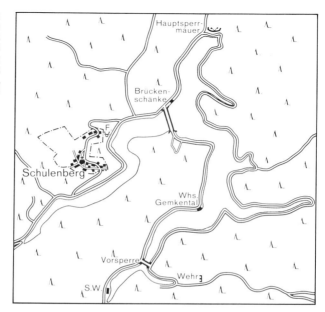

Abb. 24:
Okerstausee:
Neuanlage von
Straßen und
der Ortschaft
Schulenberg;
L 4128 Goslar,
1:50 000

Trinkwasserversorgung (z. B. Harz, Sauerland), vor allem in der Nähe von Ballungsräumen;

Fremdenverkehr (meist sekundäre Erscheinung).

Verbunden mit Staudamm etc.: evtl. notwendig werdende Neuanlagen von Straßen und Dörfern, die im Stausee ertrinken. Auf Karte zu erkennen, neben „Whs"-Signaturen u. ä. (Abb. 24).

Pumpspeicherwerke: zwei übereinandergelegene Stauseen, mit Druckstollen verbunden ($\rightarrow$ 3.9.8).

Kanäle

Typisch für Kanäle ist möglichst geradlinige Linienführung auf ebener Trasse, Anlagen von Schleusen, Schiffshebewerken etc. Verknüpfung mit anderen Verkehrsträgern beachten, Hafenanlagen, Siedlungen. Bei Anlage von Kanälen für die Be-/Entwässerung zahlreiche Verzweigungen, Pumpstationen, Mühlen, Haupt- und Nebenkanäle. Diese Kanäle daneben oft auch als Verkehrswege benutzt (holländische Kanäle!). Kanäle als Schiffahrtswege bevorzugt angelegt in Urstromtälern, fossilen Tälern und Senken, die die ebene Trassenführung ermöglichen ($\rightarrow$ Schiffahrt, 3.10.5).

3.5 Vegetation

3.5.1 Vorbemerkung (→ II, 4.2.6)

Betrachtung der Vegetation nicht nur auf Arten und deren Verbreitung im Kartenausschnitt beschränken, obwohl dadurch bereits wesentliche Erkenntnisse gewonnen werden können. Gerade hier zahlreiche Verknüpfungsmöglichkeiten. Vegetation als biotischer Bereich im Gegensatz zum anorganischen ein hochrangiger Partialkomplex. Als *Indikator*, als „Zeiger" für beispielsweise physische Voraussetzungen wie Böden, Klima u. a. geeignet.

Schrittweises Vorgehen der Analyse und Interpretation der Vegetation stellt zunächst *Pflanzenformation*, dann ihre *Verbreitung* und *Abhängigkeiten* fest und kann abschließend eventuell Aussagen über eine *Zonierung*, also regelhaftes räumliches Verhalten anschließen. Letzteres vor allem auf topographischen Karten als vertikale Zonierung möglich. Forstwirtschaftliche und almwirtschaftliche Nutzung (→ 3.9.3).

3.5.2 Pflanzenformationen

Für jede Karte – ungeachtet des Grades der Generalisierung der Signaturen – als gröbste Unterscheidung Waldareale von Kulturlandarealen (Grünland, Ackerland, Sonderkulturen) trennen. Weitergehende Differenzierung hängt von Kartenwerk und Maßstab ab. Genaues Studium der Kartenlegende notwendig.

Die meisten Karten unterscheiden zwischen Laubwald, Nadelwald und Mischwald. Daneben auch häufig eigene Signaturen für Gebüsch, Heide, Schilf und Moor. Kulturland (→ 3.9.2) wird in Ackerflächen (weiß, ohne besondere Signatur) und Grünland (Wiesen/Weiden ohne Differenzierung) unterschieden. Oft auch für Sonderkulturen eigene Signaturen. Weitere Differenzierung z. B. der Waldarten bei den meisten Kartenwerken nicht üblich, manche gehen nicht einmal so weit (Schweizer Karten). Ob es sich bei Laubwald um Eichenwald, Buchenwald oder Erlen-Weiden-Pappel-Wald handelt, muß aus anderen Kriterien geschlossen werden (→ unten). Italienische und französische Karten hier meist genauer und differenzierender als deutsche. Über Dichte des Waldes keine Aussagen möglich. Ebensowenig über Stockwerkanordnung, gewöhnlich nur oberstes Stockwerk dargestellt. Unterholz, Kräuter etc. fehlen. Dagegen über Nutzung des Waldes vielfache Aussagen möglich (→ 3.9.3).

Militärausgaben der ehem. DDR (in Gegensatz zu „Ausgaben für die Volkswirtschaft") mit sehr differenzierten Angaben über Baumart, Umfang des Stammes, Abstand der Bäume voneinander u. ä.

Moore

(Besondere Signatur) vor allem in kühlfeuchtem Klima auf gewellten Ebenen mit träger Entwässerung, wo Verdunstung und Abfluß Feuchtigkeitszufuhr bei undurchlässigen Böden nicht aufheben. *Zwei Haupttypen* nach Vegetation und Standort zu unterscheiden: Flachmoore und Hochmoore. *Flach- oder Niedermoore* durch Grundwasser versorgt, in Niederungen, Auen, in Tälern und an stehenden Gewässern.

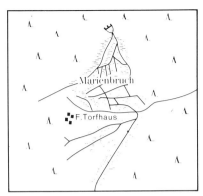

Abb. 25:
Hochmoor im Harz;
L 4128 Goslar, 1:50 000

Hochmoore, deren uhrglasartige Aufwölbung nur selten durch Isohypsen oder andere Signaturen dargestellt wird, sind an Niederschläge gebunden. Lage oft auf flachen Wasserscheiden, an regenreichen Hängen im Mittelgebirge o. ä. (Abb. 25). Synonym für Hochmoore: Moos, Ried, Filz (Bayern). Lebende Hochmoore im Gegensatz zu Niedermooren völlig baum- und strauchlos.

Weitere *Beschriftung; Grinde, Misse* (Schwarzwald) – sumpfige Hochfläche; *Luch* (Brandenbg.) – Sumpfland; *Lagg* (N-Dtld.) – grabenförmige Vertiefung am Rande des Hochmoores.

WALTER (1914) führt folgende Bezeichnungen für sumpfiges Gelände an: Bruch, Miß, Moos, Moor, Ried, Sumpf, Hor, Rohr, Binsen, Brühl, Schlatt, Schlott, Saig, Sulz, Sol, Sul, Strut, Watt, Venn, Fehn, Luch.

Nutzung der Moore evt. durch Torfstiche angezeigt (Brennmaterial, Düngetorf, Torfmull).

Übergang zu Mooren an Rändern von Seen oft an Schilf, ebenfalls mit eigener Signatur, erkennbar. Sumpfige Randniederungen von Seen, auch von fließenden Gewässern, im Übergangsbereich von Gewässer über Moor zu festerem Untergrund.

Heide

Heide – dauernd unbewirtschaftete, hauptsächlich mit Heidekraut, Wacholder, Ginster, Büschen und einzelnen Bäumen bewachsene Fläche – mit besonderer Signatur auf topographischen Karten eingezeichnet. (MUSTERBLATT TK 1:100 000). Unterscheidung in verschiedene physiognomische und genetische Heidetypen ebensowenig berücksichtigt wie eigentlicher vegetationskundlicher Heidebegriff. Unglücklicherweise auch manchmal „Sozialbrache" durch Heidesignatur dargestellt (SCHMITZ 1973). Ursprüngliche Heideareale heute oft aufgeforstet, einzige Hinweise auf ehemalige Heidegebiete noch stellenweise in Flurnamen enthalten.

Außer *Sandheiden* als degradierte Wälder (z. B. auf nordwestdt. Geest) sind nach ihrer Vegetation und vor allem nach ihrem Standort *atlantische Heide* und *Steppenheide* zu unterscheiden:

Atlantische Heide: Erica, Calluna, Adlerfarn etc.; nährstoffarme saure Böden (podsoliert, Ortstein), oft Versumpfungen, manchmal trocken. Verbreitung im Bereich der atlantischen Küste und der Südküste der Ostsee (dort nur schmaler Streifen). Im Inland an Westhängen der Mittelgebirge bei ozeanischem Klima (nur inselhaft).

Steppenheide: Trockenrasen mit wärmeliebenden Arten, häufig von Büschen durchsetzt. Kalkreiche Böden, trockene und sonnenexponierte Hänge. Gute Beispiele auf der Schwäbischen Alb.

3.5.3 Verbreitung und Abhängigkeiten

Durch flächenhafte Signaturen Verbreitung der Vegetation gut zu erfassen. Zu beachten ist allerdings, daß durch Generalisierung scheinbar klar abgegrenzte Areale ausgewiesen werden, wo möglicherweise diffuse Grenzen vorliegen.

Grenzen ohnehin nicht ausschließlich natürlich, sondern auch anthropogen, z. B. historisch, zu erklären. Natürliche Grenzen am ehesten noch in vom Menschen am wenigsten beeinflußten Gebieten, z. B. teilweise bei vertikaler Vegetationsgliederung der Hochgebirge (→ 3.5.4).

Zunächst *flächenhaften Anteil* der Vegetation und ihrer Arten an Gesamtfläche des Kartenblattes sowie jeweilige Anteile der einzelnen Arten, auch im Vergleich untereinander, feststellen. Nächster Schritt ist Untersuchung über *Regelhaftigkeiten* in der Verbreitung der Vegetation. Gebiete z. B. starker Bewaldung von solchen geringer Ausdehnung des Waldes trennen. Zusammenhänge mit anderen Faktoren suchen. Verbreitung von Wald oder Nicht-Wald z. B. abhängig u. a. von Bodengüte, Relief, menschlichen Aktivitäten. Vielfach ist Wald als Auewald entlang von Bächen und Flüssen vorzufinden oder an besonders steilen Hängen (z. B. Stufenhang einer Schichtstufenlandschaft).

Dazu *ökologische Abhängigkeiten* klar machen. Im wesentlichen beeinflussen Gestein, Böden, Relief, Klima und Mensch, natürlich mit unterschiedlichem Gewicht, Verbreitung der Vegetation. Man kann für alle Baumarten die ihnen günstigsten natürlichen Voraussetzungen nennen (→ unten); in unseren Gebieten gedeihen aber bei mittleren Verhältnissen des Bodens und des Klimas alle Baumarten gut. Abweichungen dann nur noch durch Menschen oder aber extreme natürliche Verhältnisse edaphischer, hydrologischer u. a. Art; erlauben besondere Schlüsse und sind so für Karteninterpretation besonders interessant. Anthropogene Einflüsse (z. B. Aufforstungen mit bevorzugt Fichten) darin bemerkbar, daß Wald bei schlechten Böden, hohen Niederschlägen, in stark reliefiertem Gelände (zertalt und hügelig), also in anthropogenen Ungunsträumen, vorherrscht oder aber in Ballungszentren nahe Erholungsgebiet trotz günstiger Voraussetzungen für intensivere Landnutzung erhalten geblieben oder angepflanzt worden ist. Verteilung des Waldes auch durch Besitzgrenzen erklärbar, entweder privat oder als Gemeindebesitz. Hinweis durch Namen, Flurbezeichnungen (Wald bei Xhausen heißt Xhausener Forst, „Stadtwald", „Spitalwald") und Schriftzusätze („ehem. Schloß").

Somit häufig Verbreitung des Waldes durch seine Bedeutung für den *Menschen* bestimmt. Wald kann in diesem Rahmen folgende *Funktionen* haben:

Wirtschaftlich →3.9.3

Erholung: unregelmäßige Wanderwege, Wirtshäuser, andere Freizeiteinrichtungen in unmittelbarer Nähe (Zoo, Schwimmbäder o. ä.). Voraussetzung für Naherholungswald: Nähe zu größeren Siedlungen, verkehrsmäßige Erschließung, Wanderparkplätze.

„Umweltschutz": z. B. Speicherung und Abflußverteilung des Wassers, Filtern und Verbessern der Luft, Dämpfung von Lärm. Lage des Waldes zu Siedlungen, Industrie, wichtigen Verkehrslinien beachten (Windrichtung). Hinweise wie „Naturschutzgebiet" mehrfach zu deuten, da nicht angegeben, was geschützt werden soll. Aber: Hinweis „Wasserschutzgebiet".

Schutz vor Lawinen im Hochgebirge, *vor Erosion* in steilen Lagen oder anderen gefährdeten Gebieten, *vor Wind* als Baumschutzreihen, z. B. in windgefährdeten Tälern.

Verallgemeinernd läßt sich für die auf meisten Karten angegebenen Waldarten Laubwald/Nadelwald folgender charakteristischer *Standort* angeben:

Laubbäume: mindestens 120 Tage mit Mittel von 10°C; warme Vegetationszeit von 4–6 Monaten. Daher hauptsächlich im Tiefland;

Nadelbäume: mindestens 30 Tage mit Mittel von 10°C. In Mitteleuropa also hauptsächlich im Gebirge (Fichte, Tanne), in Nordeuropa auch im Tiefland. Strenge und längere Winter. Weniger gute Böden.

Resistenz der einzelnen Arten natürlich unterschiedlich:

– *Buche:* nicht zu trockener, fruchtbarer Boden; maritime Ansprüche. Schwarzwald bis 1300 m, Harz bis 800 m;

– *Eiche:* nicht so hohe Ansprüche wie Buche: nährstoffarme Böden, weniger feucht;

– *Erle, Weide, Pappel:* Pflanzen der Auewälder auf Schwemmlandböden von Flüssen und Bächen. Auf Karte oft besonders auffällig, vor allem bei Ackerland der Umgebung;

– *Kiefer:* schlechteste Böden; diluviale Sandgebiete. Oft für Aufforstungen verwandt;

– *Fichte:* in feuchteren, oligotrophen Gebieten (Moränen) natürlich vorkommend. Beliebt zur Aufforstung;

– *Tanne:* feuchtes Klima mit milden Wintern (wie Buche). Mittelgebirge; schnellwüchsig.

Einzelhinweise (z. B. „Bei der Eiche", „Zur Linde") ebenso wie Orts- und Flurnamen, die auf Vegetation oder Tierwelt Bezug nehmen, ausschließlich von historischer Aussagekraft und unbrauchbar für Interpretation heutiger Verhältnisse. Bezeichneten ohnehin meist Singularitäten (einzelne hervorstechende Bäume o. ä.) und keine allgemein vorherrschenden Verhältnisse.

Wald-Namen in offenem Gelände Hinweis auf Nutzungsänderung.

WALTER (1914) führt folgende *Bezeichnungen* für *„ Wald"* auf: Bosch, Busch, Forst, Ghai, Grün, Hag, Hain, Hart, Hau, Heck, Holt, Holz, Horst, Hurst, Loh, Mark, Reis, Tann, Schäch, Schlag, Schopf, Strauch, Strut, Wald, Wit, Zeil. Verschwinden des Waldes ebenfalls erkennbar durch Namen wie Rode, Rat, Reut, Rot, Rade, Roda, Brand, Schwang, Schlag, Sang; oft in Siedlungsnamen.

3.5.4 Vertikale Zonierung

Natürliche Verbreitungsareale erreichen auf topographischen Karten am ehesten ihre Grenzen in vertikaler Abfolge. Höhenstufung und Abgrenzung von Arealen hier besonders klar und auf kleinem Raum.

Vegetation im Hochgebirge in starker Abhängigkeit von *Höhenlage, Hangneigung* und *Exposition.* Dazu kommt in meisten Fällen *menschlicher Einfluß.*

Alpine Stufe über der Baumgrenze, subalpine Stufe unmittelbar unter der Baumgrenze liegend. Unter der Baumgrenze nach Arten zu unterscheiden. Bezeichnungen unter subalpiner Stufe: montane Stufe und darunter: kolline Stufe (in Mitteleuropa dies die unterste, wärmste Stufe, in der noch Weinbau möglich ist). Oberhalb der Baumgrenze setzt sich diese Höhenstufung über Mattenobergrenze in subnivaler oder Frostschutzzone (Schweizer Karten: graue Isohypsen) und über Schneegrenze ($\rightarrow$ 3.2.4.1) in nivaler Stufe fort. Ausprägung der Stufen, vor allem der montanen, subalpinen und alpinen, regional sehr verschieden und nur jeweils von lokaler Bedeutung. Buche z. B. in Süddeutschland und am Nordrand der Alpen montan, in Südalpen und im Apennin dagegen subalpin. Dort bis zur Baumgrenze hinaufreichend.

In Alpen unterhalb der alpinen Stufe folgende *Höhengliederung:*

Nordalpen: kühl und niederschlagsreich, helvetische Stufenfolge: Eichen/Buchen/Fichten;

Zentralalpen: mehr kontinental, höhere Baumgrenze, penninische Stufenfolge: Steppen/Kiefern/Fichten;

Südalpen: wärmeres ozeanisches Klima, Baumgrenze verhältnismäßig tief, insubrische Stufenfolge: Eichen/Buchen.

In alpiner Stufe oberhalb klimatischer Baumgrenze: Baumkrüppel, Krummholz, Zwergsträucher, alpine Rasen (vor allem auf Verebnungen). Weiter oben nur noch Moose, Flechten o. ä.

Höhenstufung im oben angegebenen Sinne (montan, kollin, etc.) natürlich auch in deutschen Mittelgebirgen, wo allerdings selten Baumgrenze erreicht wird.

Wichtig: Expositionsunterschiede (Sonnen- bzw. Schatthänge) vor allem bei der Höhenstufung der Vegetation nachzuweisen (parallel zu Expositionsunterschieden bei der Schneegrenze, bei der Anlage von Siedlungen, Nutzung, etc.). Asymmetrien; Hangunterschiede auch durch Wind und Regen, dann aber als West-Ost-Unterschiede.

Hangneigung wichtig z. B. bei Bergrutschen und Muren ($\rightarrow$ 3.2.4.1). Vielfach Schneisen eingezeichnet. An steilen Hängen keine Bewaldung, Felssignatur.

Menschlicher Einfluß hauptsächlich durch Siedlung (→ 3.8) und Wirtschaft (→ 3.9), vor allem in letzter Zeit durch Fremdenverkehr (→ 3.9.9).

3.6 Klima

3.6.1 Vorbemerkung (→ II, 4.2.4)

Naturgemäß von topographischer Karte Hinweise nicht direkt (besser: Wetterkarte o. ä.), sondern nur indirekt – durch bestimmte Klimaindikatoren, durch Kenntnis der Klimaverhältnisse Mitteleuropas oder besonders ungünstiger Lagefaktoren – zu erhalten. Aussagen über Klima daher bei Karteninterpretation verhältnismäßig geringen Raum einnehmend. Wichtig wird Betrachtung, wenn sich über allgemein bekannte Aussagen zum Großklima hinaus solche zum Lokalklima, Mesoklima, ergeben, die vielleicht sogar im Gegensatz zum Großklima stehen können. Ähnlich wie für Vegetation gilt, daß horizontale Gliederung in Mitteleuropa weniger markant auf Kartenausschnitt hervortritt als vertikale, z. B. auf Hochgebirgsblättern. Bezüge zu Vegetation und Gewässern wichtig. Neben *einzelnen Klimaindikatoren* vor allem *Lagefaktor* für Beurteilung des Klimas wichtig. Abschließend einige Hinweise für einziges wesentlich abweichendes Großklima, das bei Interpretation europäischer Karten von Bedeutung sein kann: *Mittelmeerklima*.

3.6.2 Klimaindikatoren

Für einzelne Klimafaktoren auf der Karte folgende Indikatoren:

Niederschlag: Dichte des Gewässernetzes (Untergrund); Bodennässen, Moore (Untergrund!), z. B. „Missen" auf Sandstein im Schwarzwald; Flurnamen; Be-, Entwässerungsanlagen; Schnee: Gletscher; Lage: Steigungsregen, Regenschatten;

Temperatur: Höhenlage; Exposition zur Sonne; Schnee etc. (Schneegrenze als Temperaturgrenze → 3.2.4.1). Sonderkulturen (Obstbau) an Hängen kann Hinweis auf häufige Inversionen sein, besonders wenn *nur* an Hängen; Salzgärten; Kaltluftseen in abflußlosen Becken; Namen;

Wind: Windmühlen; Windenergieanlagen; Hecken und Zäune; Waldschutzstreifen; vegetationsfreie Windgassen (Windwirkung kann z. B. auch an der Küste Baumwuchs behindern). Lage: lokale Windsysteme.

3.6.3 Klima und Lage

Nur allgemeingültige Schlüsse aufgrund von Kenntnissen aus der Allgemeinen Klimageographie, angewandt auf den Kartenbereich. Belege auf der Karte zu finden, auch in Wirkung auf den Menschen und durch seine Reaktion darauf.

Aussagen über *Kontinentalität/Maritimität* abhängig von der Entfernung zum Meer. *Beachte:* Höhere Lagen (Mittelgebirge; Schwarzwald) können trotz größerer Entfernung zum Meer bei freiem Einströmen der Westwinde relativ maritim sein. Diesbezügliche Aussagen ohnehin relativ zu sehen.

Höhe über NN bei allgemeiner Abnahme der Temperaturen mit steigender Höhe wichtiger Lagefaktor. Vertikale Gliederung des Klimas für Karteninterpretation wichtiger als horizontale. *Beispiel:* Vergletscherung der Hochgebirge und Weinbau in Tälern auf einem Kartenblatt.

Niedere Temperaturen aber auch in tiefen Lagen häufig, vor allem in abflußlosen Becken: abfließende Kaltluft sammelt sich.

Lokal wichtig: Lage zur Sonneneinstrahlung. *Expositionsunterschiede* an Hängen eines Tales z. B. in unterschiedlicher Vegetationsstufung, Schneegrenze (Exposition eis- und nicht eisfreier Kare bei gleicher Höhenlage beachten), Nutzung durch Sonderkulturen (Weinbau im Moseltal) etc.

Lokale Windsysteme sehr wichtig, vor allem für menschliche Siedlungen und Landnutzungen. Kleinräumliche Windzirkulationen durch Temperaturunterschiede hervorgerufen, z. B.:

Land-/Seewind: am Meer, aber auch an Binnenseen, z. B. am Bodensee; Ursache: unterschiedliche Erwärmung Land/Wasser. An der See über dem Lande durch Konvektionsvorgänge zahlreiche Wolken.

SCHERHAG: „Es ist kein Zufall, daß die meisten Badeorte an der deutschen Nordseeküste auf schmalen, der Küste vorgelagerten Inseln liegen. Diese Inseln sind so klein, daß sie im allg. selbst kein ausgeprägtes Zirkulationssystem zu entwickeln vermögen, aber sie liegen gerade in jenem bevorzugten Streifen, in dem die absteigende Bewegungskomponente der Land-/Seewind- Zirkulation am ausgeprägtesten ist."

Hangwind: nicht unterschiedliche Erwärmung, sondern Geländeneigung Ursache. Am Tage Hangaufwind, nachts Hangabwind. Besonders ausgeprägt auf der sonnigen Alpensüdseite;

Gletscherwind: kalter Hangabwind auch am Tage, weht vom Gletscher weg;

Föhn: entsteht als orographisch beeinflußter Wind auf Leeseite aller größeren Gebirge.

Klimatische Lagefaktoren auch im Stadtklima bemerkbar, z. B. beim Bestreben, in unserer Zone vorherrschender Westwinde Industriegebiete im Windschatten (Osten) oder in freigehaltenen Windgassen anzulegen.

3.6.4 Cs-Klima

Vom feuchttemperierten Cf-Klima (nach KÖPPEN) hebt sich gemäßigt warmes, sommertrockenes Klima (Mittelmeerraum) durch folgende Anzeichen auf der *Karte* ab:

periodische Flüsse, Torrenten;
Zisternen (Wasserbehälter);

Vegetation: Hartlaubwälder und -gesträucher, Macchie, Oliven, Citrus-Arten (Agrumen), Opuntien, Palmen, Korkeiche, Lorbeerbaum, Zypressen, Pinien, stark duftende Gewächse (Lavendel, Rosmarin, Minzen, Salbei etc. – Parfümindustrie Südfrankreichs etc.); Kulturpflanzen: Obst, Wein, Feigen, etc. Signaturen für Vegetation besonders sorgfältig lesen! Italienische und z. T. französische Karten recht ausführlich; eventuell *Bodenerosion,* besonders in Gebieten mit Kalkstein (Überweidung, lange Trockenheit und plötzliche Niederschläge): Abrisse durch Schraffen dargestellt.

3.7 Bevölkerung

3.7.1 Vorbemerkung (→ II, 4.3.1)

Hinweise auf Bevölkerung ähnlich problematisch wie Hinweise auf Klima; nur sehr indirekt über Aktivitäten des Menschen. Siedlung, Wirtschaft, Verkehr und Umgestaltung der natürlichen Umwelt geben Aufschluß. Besonders wichtig für alle Teile der Anthropogeographie auf der Karte: Beschriftung.

Aussagen über *Einwohnerzahlen, Verteilung* der Bevölkerung und über *Bevölkerungsdichte* durchaus möglich, aber auch über ausgeübte *Berufe, sozialgeographische Differenzierung,* sowie *Sprache, Religion* und *politische Gebietskörperschaften.* Selbst *Bevölkerungswanderungen* z. T. festzustellen.

3.7.2 Einwohnerzahl

Einwohnerzahlen nur auf französischen (und belgischen) Karten angegeben, unter dem Ortsnamen, in Tausend. Ansonsten ungefähre Bevölkerungszahlen aus Anzahl der Siedlungsplätze erschließen (Maßstab beachten!). Einwohnerzahlen auch z. B. bei der deutschen Topographischen Karte 1:100 000 aus Art und Größe der Beschriftung zu erkennen; dabei aber auf Definition „Einwohner" der jeweiligen amtlichen Statistik achten!

Abstufungen in der *Schriftgröße:* für Landgemeinden (Groß- und Kleinbuchstaben) unter 1000 Einwohner, 1–5000, über 5000; für Städte (Großbuchstaben) über 10 000, 10–15 000, 50–100 000, 100–500 000, 500 000–1 Million, über 1 Million Einwohner (vgl. Abb. 26).

Hier wie sonst bei Karteninterpretation zwar absolute Zahlen wichtig, wichtiger und auch meist als einziges zu erfassen aber relative Werte, Vergleiche von dicht besiedelten und weniger dicht besiedelten Arealen. Bevölkerungs- und Siedlungsdichte aus Anzahl der Siedlungsplätze pro Flächeneinheit ermitteln. Dabei Gegenüberstellung wichtig, also Verteilung der Bevölkerung auf dem Kartenblatt. Ursachen unterschiedlicher *Bevölkerungsverteilung* in historischen (→ 3.8.3), wirtschaftlichen (→3.9), erb-

Schrift-höhe in mm	Einwohner	Lfd. Nr.	1:25 000	1:50 000
			Städte	
10,5	über 1 000 000	1	BERLIN	BERLIN
9,5	von 500 000–1 000 000	2	BREMEN	BREMEN
8,5	von 100 000–500 000	3	KREFELD	KREFELD
7,5	von 50 000–100 000	4	HEILBRONN	HEILBRONN
6,5	von 10 000–50 000	5	WAIBLINGEN	WAIBLINGEN
5,5	unter 10 000	6	MUNDERKINGEN	MUNDERKINGEN
			Landgemeinden	
6,4	über 5000	7	Untermarchtal	Untermarchtal
5,7	von 1000 – 5000	8	Neuenstadt	Neuenstadt
5,1	unter 1000	9	Oberhausen	Oberhausen
			Gemeindeteile, Einzelsiedlungen	
8,0	über 100 000	10	*BARMEN*	*BARMEN*
7,0	von 50 000 – 100 000	11	*BORBECK*	*BORBECK*
6,0	von 10 000 – 50 000	12	*STERKRADE*	*STERKRADE*
6,4	von 2000–10 000	13	*Kaiserswerth*	*Kaiserswerth*
5,1	von 1000–2000	14	*Fichtenau*	*Fichtenau*
4,2	von 100–1000	15	*Dodenhofen*	*Dodenhofen*
3,5	unter 100	16	*Hochstetten*	*Hochstetten*
2,6	Bei Häufung von kleineren Wohnplätzen und sonstige Schriftzusätze	17	*Rollhof Kloster Gärtnerei* *Sch ND EW Hbf Hp*	*Rollhof Kloster Gärtnerei* *Sch ND EW Hbf Hp*
	Volkstümliche Ortsnamen (Abstufung wie Gemeindeteile)	18	*MOABIT Neustadt*	*MOABIT Neustadt*
	Wüstung (Schriftgröße nach Bedeutung)	19	*Wüstung Kefersheim*	*Wüstung Kefersheim*

Abb. 26: Schriftmuster. Verkleinert nach Musterblatt TK 50

rechtlichen (→ 3.7.4), konfessionellen (→ 3.7.4) und politischen (→ 3.7.5) Gründen zu suchen. Bevölkerungsballungsräume werden ergänzt durch bevölkerungsarme Räume. Zusammenhänge mit Siedlungen (→ 3.8.2).

3.7.3 Soziale Gruppierung

Ausgeübte Berufe der Bevölkerung aus wirtschaftlichen Grundlagen (→ 3.9) zu ermitteln. Unterschiede Stadt/Land auf dem Lande z. T. bereits verwischt; dennoch auch Unterschiede innerhalb jeweiliger Siedlung festzustellen. Führen zu sozialer Differenzierung der Bevölkerung.

In *ländlichen Gemeinden* Hinweise vor allem durch Größe der Gebäude und Höfe, Dichte der Siedlungsplätze, ihre Verteilung im Dorf, Verhältnis von Bevölkerungszahl und landwirtschaftlicher Nutzfläche, Ausstattung mit Industrie. Große Gebäude und Höfe, entweder im Ortskern oder als Aussiedlerhöfe einzeln in der Landwirtschaftlichen Nutzfläche stehend, auch heute meist noch von Landwirten bewohnt. Kleine Gebäude, meist am Rande des Ortskerns gelegen, ursprünglich für landwirtschaftliche Arbeitskräfte, Tagelöhner ohne eigenen landwirtschaftlichen Besitz, heute oft für Industriearbeiter, die entweder am Ort selbst arbeiten („Fabrik"-Signatur etc.) oder auspendeln. Ortskern und solche Randsiedlungen dichter bebaut. Dagegen locker bebaute Außenzonen, entlang von Straßen oder als ganze Siedlungskomplexe, neueren Datums, durch Ausbau des Ortes mit Industrie oder durch günstige Lage zu anderen Siedlungen und Erwerbsquellen zu erklären. Meist jüngere Bevölkerung, kinderreich (Schulen ebenfalls am Rande neu gebaut, zusätzlich zu bestehenden alten Schulen im Kern), Pendler (dafür entsprechender Ausbau der Verkehrswege notwendig), Industriearbeiter und je nach Ausstattung, Größe der Gebäude und umgebender Fläche (Garten-Signatur etc.) auch gehobene soziale Schichten, die aufs Land zogen.

Landwirtschaftliche Nutzfläche der Siedlung muß in angemessenem Verhältnis zur Bevölkerungszahl stehen, die nach obiger Analyse in Landwirtschaft tätig sein soll. Möglich auch landwirtschaftlicher Nebenerwerb, meist aber nicht aus Karte abzulesen, ebensowenig wie „Sozialbrache".

In *Städten* geben Grundriß der Straßen und Gebäude, Lage der Häuser zur Straße, Bebauungsdichte, Ausstattung mit Gärten und Grünanlagen, Lage zum Stadtkern/Stadtrand/Zentrum/Parks/Verkehrslinien/Industrieanlagen Auskunft über soziale Einstufung der Bevölkerung. Meist schwierigere Analyse und Interpretation als in ländlichen Gemeinden. Industrie- und Bergarbeitersiedlungen häufig in unmittelbarer Nähe entsprechender Anlagen, heute auch ausländische Arbeitskräfte oft auf oder nahe Industriegelände untergebracht. Im citynahen Wohn- und Geschäftsbereich (Häuserzeilen bei gelegentlicher Durchlockerung mit Grünanlagen und Plätzen) sowie in Neubaugebieten mit zahlreichen Hochhäusern (große schwarze Blocksignatur, oft regelhaft angeordnet) wohnen mittlere soziale Schichten, Arbeiter, Angestellte und Beamte. Villenviertel mit individueller Bauweise und wenig Durchgangsverkehrsstraßen für gehobene soziale Gruppen.

3.7.4 Sprache, Religion, Erbrecht

Hinweise auf unterschiedliche *Sprachgebiete* aus Siedlungs- und Flurnamen zu entnehmen. Treffen nicht immer mit politischen Grenzen zusammen, öfter aber mit unterschiedlicher Siedlungsdichte, Siedlungsart (Einzelsiedlung oder Gruppensiedlung), ,,Wirtschaftsgeist" (Industrialisierungsgrad).

Ähnliche Auswirkungen und Korrelationen im Landschafts- und Kartenbild aufgrund der *Religionszugehörigkeit* der Bevölkerung. V. a. Hinweise auf katholische Bevölkerung zahlreich: Wegkreuze, Kalvarienberge, Kreuzwege, Kapellen, Klöster, Wallfahrtskirchen. Häufig ,,Konfessionsgrenzen" zu erkennen, wenn es auf einem Kartenblatt katholische Gebiete (mit Wegkreuzen etc.) und nichtkatholische Gebiete (ohne diese Hinweise) gibt. Konfessionsgrenzen meist Hinweis auf frühneuzeitliche Herrschaftsgrenzen.

Erbrecht oft damit verbunden. Hinweise auf unterschiedliches Erbrecht in ländlichen Gebieten aus Größe der landwirtschaftlichen Siedlungsplätze und Verhältnis Bevölkerung/Nutzfläche (abgesehen von Unterschied intensive/extensive Bewirtschaftung, Sonderkulturen bei entsprechender Signatur). *Anerbenrecht* läßt Höfe und Nutzflächen ungeteilt, *Realteilung* führt zu Zersplitterung des Besitzes und zu vielen kleinen, eng beieinanderstehenden Häusern.

3.7.5 Politische Grenzen

Politische Gebietskörperschaften in unterschiedlichen Rangstufen (Staaten, Länder, Kreise, Gemeinden etc.) auf topographischen Karten eingezeichnet, oft sogar in speziellen Beikärtchen der Legende. Auswirkungen verschiedener politischer Einflußbereiche, vor allem von Staaten unterschiedlicher Wirtschafts- und Siedlungspolitik, an Grenzen bzw. in angrenzenden Räumen mit ähnlicher natürlicher Ausstattung festzustellen. Grenzverlauf selbst entweder entlang natürlicher Grenzen (Hochgebirge, Flüsse etc.) oder willkürlicher (meist erst später gezogen, FEZER 1974). Historisch bedeutungsvolle Grenzen, die heute nicht mehr eingezeichnet sind, dennoch oft zu erkennen: als Konfessionsgrenzen (cuius regio eius religio) festgeschrieben, oder aber z. B. in sich gegenseitig behindernden ehemaligen Konkurrenzgründungen, heute oft Zwergstädten (vgl. Abb. 40).

3.7.6 Bevölkerungswanderungen

Wanderungen der Bevölkerung, abgesehen von den oben angesprochenen Pendlerbewegungen, als längerfristige Bevölkerungsbewegungen einmal an wüstgefallenen Orten und deren Fluren (→ 3.8.3) zu erkennen, zum anderen an unterschiedlichem Wachstum = Ausbau der Siedlungen. Siedlungsausbau der neueren Zeit (→ 3.8) muß über normale Bevölkerungszunahme hinausgehend Zugewanderte aufgenommen haben, wenn umliegende Orte weniger Ausbau zu verzeichnen haben oder im Umland Wüstungen festzustellen sind (→ 3.8.3).

3.8 Siedlungen
3.8.1 Vorbemerkung (→ II, 4.3.2)

Siedlungen bestehen aus Häusern (schwarze Signaturen, je nach Maßstab mehr oder weniger grundrißähnlich, wobei Wohngebäude und Wirtschafts-/Industrie-/Lagergebäude nicht unterschieden werden), Verkehrswegen und Fluren (bzw. Wirtschaftsflächen). Dabei können Häuser einzeln oder in Gruppen stehen. Gruppensiedlungen mit Beschriftung (Namen der Siedlung) versehen, einzeln stehende Häuser dagegen nicht immer. Schrift unterscheidet Landgemeinden von Städten. Solche Unterscheidung zunächst auf juristischer Grundlage, weniger aufgrund Größe oder Funktion der Siedlung. Größe der Siedlung erfaßbar aus Zahl der Wohngebäude und Einwohnerzahl (→ 3.7.2), weniger aus besiedelter Fläche, obwohl auch die bei Einbeziehung der Wirtschaftsfläche durchaus bedeutsam und aussagekräftig sein kann.

Wesentliche Aussagen zur physiognomischen Analyse und Interpretation der Siedlungen aus Hausgrundrissen, Anordnung der Häuser zueinander sowie damit aus Ortsgrundrissen zu entnehmen. Dazu kommt dann Untersuchung der Ausstattung der Siedlungen mit wirtschaftlichen Einrichtungen (Landwirtschaft, Industrie, Handel, Gewerbe etc. → 3.9), mit zentralörtlichen Funktionen und verkehrsmäßiger Erschließung. Läßt bereits Schlüsse auf funktionale Erfassung und Differenzierung der Siedlungen zu.

Lage und Verteilung der Siedlungen im Raum müssen in ihren vielfältigen Abhängigkeiten und Wechselwirkungen erkannt werden (→ 3.8.2). Verständnis für viele derartige Fragen aus der *Genese* der Siedlungen zu gewinnen (→ 3.8.3). Oben angeschnittene Fragen der Größe, Physiognomie, Ausstattung (formale Betrachtung) und funktionalen Charakteristik und Gliederung der Siedlungen hier getrennt nach *ländlichen* (→ 3.8.4) und *städtischen* (→ 3.8.5) Siedlungen vorgenommen.

3.8.2 Lage und Verteilung

Auf einzelne Siedlungen bezogen werden *zwei Arten* der Lage unterschieden:

topographische Lage: Lage im Gelände, kleinräumliche Lage, „Ortslage", für die physiognomische Eigenheit der Siedlung von Bedeutung;

geographische Lage: großräumliche Lage, Lage im Verkehrsnetz, für die funktionale Eigenheit der Siedlung von Bedeutung, vor allem für Zentralität, Wirtschaft, Handel und Verkehr.

Topographische Lagetypen: häufig Lage am Fluß, Wasser (-„furt"-Orte), besonders auf Gleithängen von Mäandern oder auf Schwemmfächern von Nebenflüssen. Oberhalb des Flusses auch Lage am Prallhang (Ober- und Unterstadt). Auswahl der topographischen Lagen auch nach verkehrstechnischen Gesichtspunkten: an Verkehrsleitlinien (Täler) oder Verkehrsknotenpunkten. Historisch wichtig: Schutzlagen auf Spornen und in günstigen Verteidigungsstellungen. Alle Lagetypen vor langer Zeit gewählt: bedeutungsvoll, ob sie weiteren Ausbau der Siedlungen förderten oder behinderten.

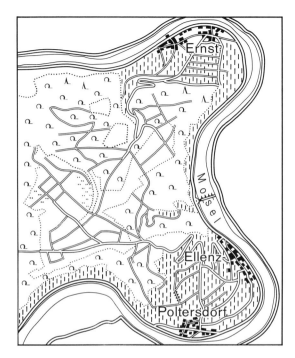

Abb. 27:
Trennung von Wirtschaftsflächen und Wohnplätzen: Ackerbau auf Hochflächen über der Mosel, Weinbau auf Terrassen; L 5908 Cochem, 1 : 50 000

Für Siedlungen ist entscheidend, ob Raum zur Ausdehnung von Wohnplätzen und Arbeitsstätten (z. B. Industrieanlagen) vorhanden ist und ob sich das Gelände dafür eignet. Darüberhinaus Lage der Wohnsiedlungen zu Wirtschaftsflächen und Betriebsstätten wichtig; bei Städten: Stadtteile in ihrer Differenzierung von Wohnen und Arbeiten, bei Dörfern Entfernung und Lage der Wirtschaftsflächen von der Siedlung (Abb. 27). Dabei Anordnung der Wege und Straßen beachten, z. B. Verkehrsspannungen zwischen Wohnvorort und Industriegebieten.

Bedeutung der *geographischen Lage* ebenso wichtig für Siedlungen wie topographische Lage. Lage zu anderen Siedlungen und auch zu Verkehrswegen kann hinderlich oder förderlich sein; Lage an der Grenze zweier Naturräume besonders günstig, Konkurrenzgründungen auf kleinem Raum meist Behinderung für die eine oder andere Stadt. Mit Aufbau eines Eisenbahnnetzes wurden alte Wertungen für geographische Lagen verändert, durchaus entwicklungsfähige Orte konnten dadurch in ihrer Entwicklung gebremst werden. Schon früher Verlegungen großer Handelsstraßen wichtig.

Gesamtheit der Siedlungen eines Kartenblattes und Summe ihrer Lagen ergibt *Verteilung der Siedlungen* über gesamten Raum des Kartenblattes. Dabei sowohl einfache

Zahl der Siedlungen als auch Zahl der Einwohner von Bedeutung (→ 3.7.2). Gebiete großer Siedlungsdichte stehen Gebieten geringer Siedlungsdichte gegenüber. Auch Art der Siedlungen von Bedeutung: Einzelhöfe, Weiler, Dörfer, Städte. Raumeinheiten werden durch vorherrschenden Siedlungstyp und Dichte der anzutreffenden Siedlungen charakterisiert. Damit hängt Bevölkerungsdichte und auch wirtschaftliche Grundlage der Siedlungen zusammen. ,,Einzelhofgebiete" werden ,,Haufendorfgebieten" gegenübergestellt usw. Ursachen für unterschiedliche Verteilung der Siedlungen ähnlich wie für unterschiedliche Bevölkerungsverteilung (→ 3.7.2): historisch, wirtschaftlich, erbrechtlich, konfessionell, politisch und durch unterschiedliche natürliche Ausstattung.

3.8.3 Genese

Genetische Betrachtung allein von der Karte her nie eindeutig, immer problematisch. Nicht ein einzelner Hinweis genügt, sondern nur Vielzahl ähnlicher Indizien in gleichen Räumen.

Zwei Gesichtspunkte wichtig: *Kontinuität/Diskontinuität* und *räumliche Verteilung* (zeitlicher und räumlicher Aspekt). In Besiedlungsgeschichte eines Kartenausschnittes lassen sich Perioden der Besiedlung und ihre ungefähre zeitliche Datierung feststellen, aber auch Zeiten der Wüstungen, Entsiedlungen aufzeigen. *Frage:* Wie lange wohnen Menschen hier? Ohne Unterbrechung? Darüberhinaus kann sich evtl. für einen bestimmten Kartenausschnitt eine Zeit der ersten bzw. intensiven Besiedlung feststellen lassen. Daraus lassen sich bestimmte Siedlungsperioden mit bestimmten Räumen korrelieren: Jungsiedelland/Altsiedelland. *Frage:* Wo wohnen Menschen wie lange?

Kulturlandschaftsgeschichte

Hinweise auf vorgeschichtliche Besiedlung häufig im Wald (auf Äckern im Laufe der Zeit umgepflügt): *Steinzeit*-Höhlen; Hünengräber der *Bronzezeit;* Steinkistengräber = Hünengräber; Ringwälle (häufig keltisch, können aber auch jünger sein, wenn nicht näher bezeichnet: z. B. Reste frühmittelalterlicher Burgen). Menhire, Dolmen. Zwischen Hügel- und Steingräbern wird meist nicht unterschieden. *Römerzeit:* römische Gutshöfe, Wachttürme, Kastelle, Pfahl- und Wallgraben (Limes), alte ,,Römerstraßen" (meist geradlinig).

Nachrömische Besiedlung: Hinweis v. a. durch Ortsnamen (→ unten); Namen wie ,,Galgenberg": Hinweis auf damalige Rechtsordnung. Burgen, Burgruinen usw.: Hinweis auf mittelalterliche Territorialzersplitterung und Sitze kleiner Herrschaften (Ritter, niederer Adel). Landwehren, ,,Heerstraße", Warten (= Wachttürme), Bezeichnungen wie ,,Schwedenschanze" usw.: Hinweis auf *mittelalterliche* oder (früh)neuzeitliche Militäranlagen; dienten, ebenso wie befestigte Dörfer (erkenntlich an kompaktem Grundriß, meist mit Ringstraße = ehemaliger Mauerverlauf), dem Schutz der Bevölkerung besonders in Durchgangslandschaften und an strategisch wichtigen Lagen (Brückenlage, Paßlage).

Bezeichnungen wie ,,Spitalwald", ,,Nonnenholz", ,,Klosterwald" usw.: Hinweis auf ehemaligen oder noch bestehenden *kirchlichen und klösterlichen Besitz.*

Ortsnamen

Orts- und Flurnamen reichhaltiger Fundus an Informationen über meist vergangene Verhältnisse und Situationen. Lange Überlebensdauer täuscht allerdings häufig Tatsachen vor, die nicht mehr aktuell sind (vgl. Bezeichnung „Weinberg" im Wald). Ursachen nachgehen, warum heutige Verhältnisse sich entwickelt haben, die mit Flurnamen nicht mehr übereinstimmen, bzw. alte Verhältnisse verlorengegangen sind.

Zu Ortsbezeichnungen gehören Länder-, Berg-, Fluß-, Wald-, Flur-, Siedlungs- und Straßennamen. Oft allerdings schwer zu deuten, weil sie an Lautentwicklungen teilgenommen oder sich anders verändert haben bzw. lokalen Sprachgewohnheiten entsprechen. Umfangreiche Literatur (→ 7.). Besonderheit der Ortsnamenbildung ist Zweigliedrigkeit aus Grund- und Bestimmungswort, z. B. Hohen-heim, Regens-burg, Düssel-dorf, Ober-hausen. Bestandteile können „sprechend" sein, manchmal Bedeutung schwer zu erahnen. Ehemalige Sippennamen enden meist auf -ingen oder -ing: Ortsnamen geben an, daß in dieser Siedlung Sippe der Vorsilbe wohnt (z. B. Tübingen: Sippe des Tuo).

Namen spiegeln häufig Lagefaktoren oder Entstehungsgeschichte wider. *Beispiele für Lagebeziehungen:*

am Wald und Buschwerk (-wald, -forst, -hart, -horst, -holz, -busch, -lohe, -hain), auf Heide, in Wiesen, im Feld (-heid, -wiesen, -grün, -anger, -wangen = blumige Wiese, -feld, -weide, -acker, -breite), an Flüssen, Bächen, Quellen, Brunnen (-bach, -beck, -beke, -ader, -lauf, -siepen, -siefen, -seifen = erzführende Wasser, -fließ, -flut, -bad, -münde, -gemünd, -furt, -spring, -brunn, -bronn, -born), an stehenden Gewässern, sumpfigen Niederungen (-see, -wag, -wiek, -wyk = Bucht, -lache, -maar, -teich, -weiher, -pfuhl, -bruch, -fehn, -venn, -mor, -moos, -marsch, -ried), auf Bergen, in Tälern, auf Fluß- und Meerinseln (-berg, -höhe, -hügel, -bühel, -bühl, -haupt, -kopf, -first, -spitze, -eck, -rücken, -scheid, -hang, -halde, -tal, -tobel = enges Tal, -grund, -gau, -au, -werder, -werth, -wörth, -ey, -oog), an Stellen mit bestimmter Bodenbeschaffenheit (-stein, -fels, -molte = Staub, Erde, -lehm, -sand). Grund- und Bestimmungswörter können auch über Entstehung informieren: Dorfentstehung aus wenigen Häusern (-hausen, -husen, -buren/-büren/-beuren = Gebäude, -bostel, -bostal, -büttel, -hof, -hofen, -kate, -kote, -gaden = Zimmer, -heim, -weiler, -dorp, -trop, -trup), Burg und Stadt (-burg, -schloß, -feste, -kastel, -turm, -stadt, -stätte, -stetten), Rodungen und Wegbau (-brand, -brunst, -seng, -sang, -schlag, -stock, -reut, -rod, -rad, -rath, -hau, -weg, -steig, -stiege, -pfad, -brück, -straß), kirchliche Gründungen (-kirch, -zell, -kloster, -kapelle, -münster, -mönch, -münch). Weitere Aspekte in Ortsnamen können auf Wirtschaftsleben, Baumarten, Pflanzen, Tiere, Personennamen Bezug nehmen.

Wichtig: Ortsnamen lassen nur bedingt Schlüsse auf Entstehungszeit der Orte zu. Ortsnamenendungen müssen sich regional häufen; einzeln auftretend evtl. zufällig (z. B. durch Verballhornungen). Manchmal auch Rückschlüsse auf Stammes- und Volkszugehörigkeit usw. der Gründer (Vorsicht!) möglich; z. B.:

    -ithi, -ede   = germanisch
    -leben, -stedt   = nordgermanisch (Angeln, Warnen)
    -itz   = slawisch

-weil	= römisch (von lat. villa)
-ich	= römisch (von lat. -iacum)
-zell	= geistliche Gründung

Unterschied von -hausen und -hofen soll eher soziale als zeitliche oder ethnische Differenzierung anzeigen; -weiler im Gegensatz zu -weil späte Ausbausiedlungen.

Ausführliche Dokumentation über Verwendungsmöglichkeiten der Ortsnamenendungen für Siedlungsgenese (→ 6.2), SCHICK ([4]1985), TESDORPF (1969). Bestimmten Endungen lassen sich Schichten von Siedlungsperioden zuordnen. Beschriftung der Siedlungen somit Quelle für eine der ergiebigsten Interpretationsmöglichkeiten. Besonders wichtig, da Namen und Beschriftung weitgehend vom Maßstab unabhängig sind, anders als generalisierte Signaturen. Somit auch auf kleinmaßstäbigen Karten noch durchaus sichere (bei aller Vorsicht!) Aussagen über Alter der Siedlungen, Siedlungskontinuität und verschiedene Besiedlungswellen möglich.

Wüstungen

Wüstungen der Orte und der Fluren zu unterscheiden, müssen nicht zusammen auftreten.

1. Ortswüstungen

Bei Dorfballungen (besonders in wenig ertragreichen Gebieten) und in Stadtnähe (mittelalterliche Landflucht). Auch in Rodegebieten (Fehlsiedlungen auf wenig ertragreichen Böden usw). In Küstengebieten verlassene Warften Hinweis auf Einzelhof- oder Dorfwüstungen. Im Wattenmeer häufig Namen untergegangener Städte und Dörfer zu finden (z. B. „Rungholtsand" bei Insel Nordstrand = Hinweis auf ehemalige Stadt Rungholt, untergegangen bei Sturmflut im Mittelalter).

Totale Ortswüstung (= Ort ist völlig untergegangen) auf Karte zu erkennen an folgenden Kennzeichen:
– Ortsname als Flurname (-Feld, -Wald, -Wiesen);
– Angaben wie „ehem. Dorf X", „ehem. Haselhof" usw.;
– fehlende korrespondierende Namen:
  a) zu Ortsnamen (z. B. Oberhain, fehlt: Unterhain),
  b) zu Flurnamen (z. B. Neuhauser Feld, fehlt Neuhausen);
– Ortsnamen bei einzelstehenden Kirchen;
– Bezeichnungen wie „röm. Niederlassung" oder „röm. Kastell" in freier Flur oder Wald.

Partielle Ortswüstungen (Schrumpfung der Ortsgröße) nach Karte oft schwer zu beurteilen:
– Dorfnamen als Einzelhofnamen (z. B. Baiersröderhof = ehem. Ort Baiersrode);
– Ortsnamen bei alleinstehenden Wirtshäusern (z. B. Whs. Neuweiler).

Temporäre Ortswüstungen
– Ortsname „Wüstens" (Ort im Mittelalter wüstgefallen, später wieder an alter Stelle gegründet);

– Angaben wie „röm. Niederlassung" direkt bei oder in einem bestehenden Ort kann Hinweis auf temporäre Wüstung sein, da Germanen zunächst römische Siedlungen mieden und erst später auf ehem. römischem Siedlungsgebiet Dörfer errichteten.

2. *Flurwüstungen*

Totale Flurwüstungen: auf Karte schwer zu erkennen (Nutzland wird zu Wald- oder Ödland, z. B. Name „Hofäcker" in Waldgebiet);

Partielle Flurwüstungen: z. B. Name „Rauhe Wiesen" umfaßt sowohl Grün- wie auch Waldland;

Relative Flurwüstungen
– Rebland wird Grünland (häufig ist Name „Weinberg" Hinweis auf ehem.Weinbau, wenn Weinbausignatur fehlt);
– Ackerland wird Grünland (Name „Salzäcker" mit Wiesensignatur);
– Ackerland mit Obstbaumsignatur (bes. in SW-Deutschland = Hinweis auf Nebenerwerbsbauerntum).

Relative Flurwüstung also Extensivierung der Nutzung einer Flur. Partielle bzw. relative Flurwüstungen häufig durch „Sozialbrache" hervorgerufen, die relativ extensivere Nutzung oder Aufgabe von Flurteilen bedingt durch lohnenderen Erwerb in nichtagrarischen Wirtschaftszweigen (Nebenerwerbs- und Arbeiterbauern). Keine eigenen Signaturen.

Jüngere Entwicklungen des Kulturlandschaftswandels:
Landschaftsverbrauch und Zersiedelung (Abb. 28 a, b, c)

Kulturlandschaftsveränderungen der letzten 30 Jahre durch zunehmenden „Landschaftsverbrauch" gekennzeichnet. Darunter wird ständig fortschreitender Verlust an Ackerland, Wiesen und Weiden, Obstgärten und Weinbergen, Baumgruppen und Waldflächen verstanden, und andererseits ständiges Weiterwachsen von Wohnsiedlungen, Gewerbeflächen, Verkehrsstraßen, Erholungsgebieten (BORCHERDT). Landschaftsverbrauch und Zersiedelung der Landschaft an genannten Indikatoren ablesbar: Verdichtungstendenzen der Einzelerscheinungen vor allem am Rande der Ballungsgebiete, Formenschatz der Siedlungen, Industrieanlagen, Verkehrswege, Erholungseinrichtungen etc. der jüngeren Zeit.

Zur Erfassung des Landschaftsverbrauchs bietet sich neben solchen Untersuchungen auf *einem* Kartenblatt besonders der *Vergleich verschieden alter* Karten des gleichen Ausschnitts an. Schulen und Hochschulen, die über längere Zeit Karteninterpretation betreiben, haben meist ältere Kartensammlungen, die Vergleich mit neuen Karten ermöglichen. Dabei meist nicht notwendig, ganzen Kartenausschnitt vollständig zu vergleichen. Man sollte entweder Teilausschnitt oder Themenbereich wählen oder Themenbereich nur in einem Teilausschnitt, wobei letzteres für verschiedene Teilausschnitte wiederum vergleichend erstellt werden kann (unterschiedliche Raumkategorien mit unterschiedlicher Entwicklung). Linienhafte oder flächenhafte Objekte

Abb. 28:
Landschaftsveränderungen im Bereich des Blattes L 7120 Stuttgart-Nord, 1 : 50 000, zwischen 1959 und 1986 (verkleinerte Interpretationsskizzen)

a) Siedlungsflächenerweiterung

b) Hauptverkehrsstraßen

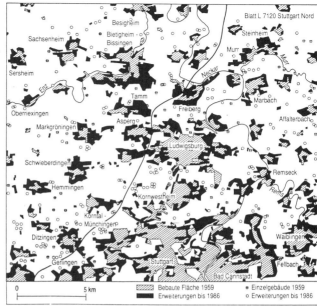

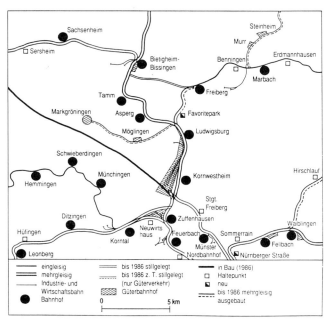

Abb. 28 c:
Eisenbahnnetz
(Hinweise zur
Kartengrundlage
s. S. 97)

und Erscheinungen lassen sich leicht ausmessen, ihre räumliche Verteilung (wie liegen Flächen zueinander?), ihre Lage (im Verhältnis zu anderen Objekten und Erscheinungen) erfassen und für Interpretation auswerten (vgl. Abb. 28). Sinnvollerweise mit transparenten Deckblättern arbeiten, auf die z. B. die verschiedenen Ausdehnungen der Siedlungsflächen zu verschiedenen Zeiten eingezeichnet werden können.

3.8.4 Landgemeinden, nichtstädtische Siedlungen

Zunächst Größe, Dichte und Verteilung der Siedlungen erfassen. Grobe Charakterisierung nach Siedlungsweise möglich. Physiognomische Analyse, auf der weiter dann andere Interpretationen beruhen, zunächst ausgehend vom Grundriß der einzelnen Gebäude und der gesamten Siedlungen. Daran anschließen muß Untersuchung der Fluren, um zu einer funktionalen Betrachtung gelangen zu können.

Landgemeinden durch geringe Größe und vor allem durch Kartenbeschriftung leicht von Städten zu trennen. Einzelanalyse und Interpretation ergänzen durch Aussagen über Lage und Verteilung (→ 3.8.2) und Genese (→ 3.8.3) der Siedlungen. Eventuell zu Hierarchie der Siedlungen im Zusammenhang mit städtischen Siedlungen kommen.

Siedlungsweise

Reine *Streusiedlung:* Abstand der Behausungen oder Gehöfte zwischen 50 und 1000 m; Siedlung nimmt größeres Gebiet, z. B. einer Gemeinde, ein;

Schwarmsiedlung: dichter als Streusiedlung, stellenweise mit weilerartigen Gehöftgruppen durchsetzt, z. B. an Wegekreuzungen;

Gruppensiedlungen: mindestens 3 selbständige Betriebseinheiten, dazu evtl. gemeinsam genutzte Gebäude (Grundrisse →unten).

Hofformen

Nur erkennbar bei großmaßstäblichen Karten bis ca. 1:25000, seltener bis 1:50000 (Generalisierung).

Hof/Gehöft: Betriebseinheit aus mehreren Bauten, jede mit eigenem Dach:

– *regelloses Gehöft,* Haufenhof, Streuhof: regellose Lage der Bauten um einen Platz;
– *geregelte Formen* („Winkelbauten"), wie z. B. Dreiseiter etc.

Siedlungsformen, Ortsgrundrißformen

Haupttypen ländlicher Ortsgrundrisse:

Einzelhof: Einhaus oder Gehöft, isolierte Lage, Betriebseinheit (Abb. 29);

Doppelhof: zwei räumlich benachbarte Betriebseinheiten; Entfernung unter 100 m (häufig Namen wie: Groß- Klein-, Alt-/Neu-, Ober-/Nieder-/Unter- usw.);

Weiler (Drubbel): ca. 3–15 Betriebseinheiten;

Haufendorf: ohne erkennbares äußeres Ordnungsprinzip; regellose Lage der Betriebseinheiten (Abb. 30);

Straßendorf: ein- oder zweireihig, enggestellte Häuser, geplanter Ortsgrundriß, gerader Verlauf der Straße (Abb. 31);

Wegedorf: ähnlich dem Straßendorf, jedoch ungeplant, gewundene Straße, ungezwungene Aufreihung der Höfe mit unregelmäßigen Abständen, natürlich gewachsen;

Reihensiedlung: Aufreihung von Höfen mit weiten Abständen (100–200 m) entlang Leitlinien (Bach, Kanal, Straße, Deich usw.); oft kilometerlang, hufenförmige Flureinteilung. *Beispiele:* Marschhufendorf, Deichreihensiedlung, Poldersiedlung, Fehnsiedlung, Moorhufendorf, Waldhufendorf, Hagenhufensiedlung (-hagen) (Abb. 32);

Platzsiedlung: Häuser nach einem Platz orientiert, der rund, vier- und mehreckig oder lanzettenförmig sein kann. *Beispiel:* Rundling: Gebäude kreisförmig um runden Dorfplatz, nur ein Ortseingang, geplante Rodungssiedlung. Ackerbau und Viehzucht, hofnaher Sektorenflurteil. *Vorkommen:* besonders im Gebiet zwischen Elbe, Saale und Oder;

Sackgassensiedlung: blind endende, am Ende nur wenig verbreiterte Straße, „verwandt" mit dem Rundling, in räumlicher Nachbarschaft mit ihm vorkommend;

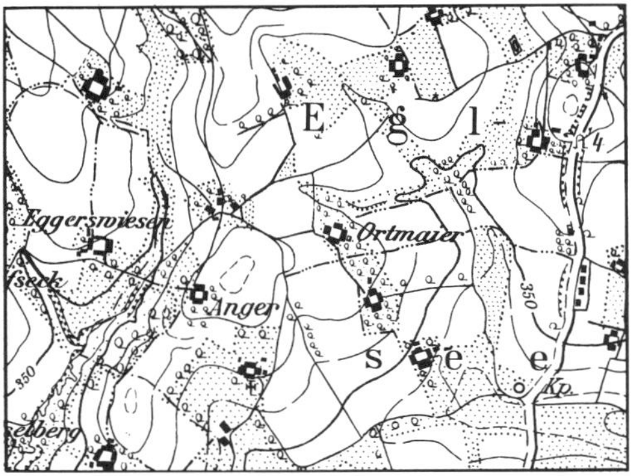

Abb. 29:
Streusiedlung
Ausschnitt aus der Topographischen Karte 1 : 25 000,
Blatt Neuhaus am Inn
(Niederbayern)

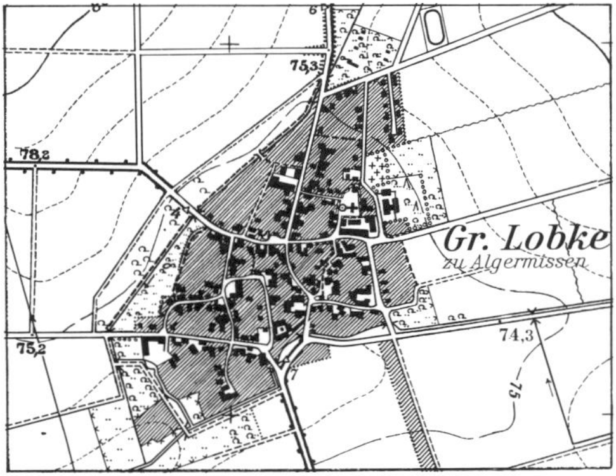

Abb. 30:
Haufendorf
Ausschnitt aus der Topographischen Karte 1 : 25 000,
Blatt Hohenhameln
(Braunschweig)

Abb. 31:
Straßendorf
Ausschnitt aus der Topographischen Karte 1 : 25 000,
Blatt Kolbitzow
(Stettin)

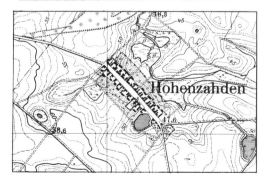

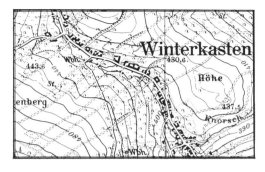

Abb. 32:
Waldhufendorf
Ausschnitt aus der Topographischen Karte 1:25 000,
Blatt Neunkirchen
(Odenwald)

Abb. 33:
Angerdorf
Ausschnitt aus der Topographischen Karte 1:25 000,
Blatt Kreckow
(Stettin)

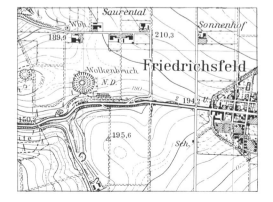

Abb. 34:
Aussiedlerhöfe
Ausschnitt aus der Topographischen Karte 1:25 000,
Blatt Trendelburg
(Kreis Kassel)

Wurten-Runddorf: Siedlung auf künstlich aufgedeichtem runden Erdhügel (Wurt oder Warft). *Vorkommen:* Marschgebiete. Hochwasserschutz; allgemein alte Siedlungen, meist vor Eindeichungen des Mittelalters oder der frühen Neuzeit entstanden. Kirche, Schule, Wohnhäuser, Wirtshaus;

Forta-Dorf: „forta" = freier Platz in Dorfmitte. Hofstellen alle an Dorfplatz, dieser unbebaut. *Vorkommen:* Fehmarn, Schleswig-Holstein, Jütland, Dänische Inseln, England;

Angerdorf: Straße in Dorfmitte platzförmig erweitert; Formen meist rechteckig oder lanzettenförmig (Abb. 33).

Fluren und dörfliches Wegenetz

Gemeindegrenzen auf Karten bis 1:25000 angegeben (Gemarkung einer Gemeinde). Über Wegenetz und Be- und Entwässerungsanlagen oft aber auch bei kleineren Maßstäben allgemeine Züge zu erkennen (besser hier z.B. Luftbild!). Gemeinden ohne nennenswerte Flur nicht auf landwirtschaftlicher, sondern gewerblicher bzw. industrieller Grundlage (Bergbausiedlungen usw. → unten).

Topographische Karte macht keine Angaben über besitzrechtliche Verhältnisse, deshalb *Flurbereinigung* (= Umverteilung der auf der Gemarkung verstreuten Besitzparzellen und Schaffung möglichst zusammenhängender Besitzblöcke) auf Karte schwer zu erkennen. Indizien für Flurbereinigung können sein:

– regelmäßiges dörfliches Wegenetz mit rechtwinkligem Wegeverlauf,
– Aussiedlerhöfe.

Aussiedlerhöfe (Vollbauernhöfe, die aus dem Dorf in die Flur ausgesiedelt wurden) besonders in Gegenden mit Realteilung (Haufendörfer, eng bebauter Dorfkern mit kleinen Anwesen) und bei Großdörfern, deren Sozialstruktur sich durch „Arbeiterbauern", Nebenerwerbsbauern und Pendler (→ 3.7.3) verändert hat, so daß die wenigen verbliebenen Mittel- und Großbauernstellen in die Flur ausgesiedelt werden (Abb. 34).

Geplante ländliche Siedlungen, z. B. Straßendörfer, Deichreihensiedlungen, Marsch-, Moor-, Wald- und Hagenhufendörfer, meist ebenfalls mit regelmäßigem dörflichen Wegenetz.

Funktionale Betrachtung

1. Ländliche Siedlungen auf agrarischer oder ehemals agrarischer Grundlage

Bauern- und Kleinbauerngemeinden: relativ geringe Dorfgröße (ca. 1000 Ew.). Keine modernen Wohnsiedlungserweiterungen am Ortsrand, reine Agrarlandschaft, Acker- und Wiesenflur im Verhältnis zur Dorfgröße sehr ausgedehnt (Abb. 35);

Arbeiter-Bauerngemeinden: umfangreichere Ortsgröße, stellenweise mit randlichen Erweiterungen (= Wohnsiedlungen mit regelmäßiger Straßenanlage, für Auspendler). Weniger intensive agrarische Nutzung der Fluren (z. B. Obstbau in SW-Deutschland = Hinweis auf „Nebenerwerbsbauerntum"). Oft kleinere oder mittlere Industrien oder Gewerbe in mehr oder weniger weiter Entfernung des Ortes (= Arbeitsplätze für die ortsansässigen Auspendler);

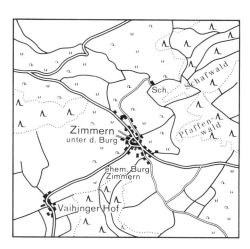

Abb. 35:
Bauerngemeinde Zimmern
mit Wirtschaftsfläche;
L 7718 Balingen, 1:50 000

Arbeiter-Wohngemeinden: bäuerlich-ländlicher Ortscharakter tritt sehr stark zurück; stark gesteigerte Ortsgröße durch umfangreiche randliche Ortserweiterungen (= „Wachstumsspitzen"). Verhältnismäßig geringe Flur. Siedlungserweiterungen heben sich durch planmäßigen Grundriß (Straßen, Bebauung) oft deutlich von altem Dorfkern ab. Besonders in Großstadtnähe oft starke Siedlungsverdichtung im Ortskern (Geschäftshäuser usw.);

Gewerbliche Gemeinden, Verwaltungszentren, Fremdenverkehrsorte: Faktoren der agrarischen Nutzung (z. B. Feldfluren) fast nicht mehr zu erkennen. Durch Stadt- und Industrienähe vorwiegend nichtagrarische Erwerbsgrundlage (Handel, Gewerbe, Industrie häufig auch im Ort neu angesiedelt). Wandel zum Fremdenverkehr durch Häufung von Hotels, Pensionen, Wanderwegen, „Whs." etc. angedeutet. Namen, Lage beachten (→ 3.9.9).

2. *Ländliche Siedlungen auf nichtagrarischer Grundlage* (ohne ausreichende Flur)

Glashüttensiedlung: früher auf waldwirtschaftlicher Grundlage entstanden (Holzkohle als Voraussetzung); heute oft Funktionswechsel: Fremdenverkehr, Hausgewerbe; häufig auch Ortswüstung. Hinweis z. B. Ortsname „Glashütte" o. ä.;

Sägewerke und -mühlen: meist Einzelsiedlungen oder Weiler (erkennbar an Signatur und Namen);

Holzfällersiedlungen: in Waldgebieten, auf Karte meist schwer als solche zu erkennen;

Bergwirtschaftliche Siedlungen: Hüttensiedlung: Ortsnamen auf „-hütte", meist in der Nähe ehemaliger Erz- oder Kohlegruben. Weiterverarbeitung in Hammerwerken; wenn Siedlung, dann häufig Ortsnamenendung „-hammer";

Fischereisiedlungen: in Küstengebieten, meist mit landwirtschaftlichem Zusatzerwerb gekoppelt. Auf Karte schlecht erkennbar, wenn nicht Hafen als Fischereihafen besonders gekennzeichnet. In Wattenmeergebieten (Ost- und Nordfriesland) Küstenfischerei jedoch zu erwarten. (Sielhafenorte mit Endung auf „-siel": U-förmige Ortsanlage um den Hafen herum mit Öffnung zum Meer. Hier: Krabben- und Schollenfang, Abb. 36).

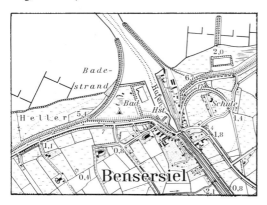

Abb. 36:
Fischerdorf
Ausschnitt aus der Topographischen Karte 1:25 000, Blatt Esens (Niedersachsen)

Verkehrssiedlungen: reine Verkehrssiedlungen in Mitteleuropa selten. Bei Siedlungen mit Paß- oder Brückenlage kann Entstehung aufgrund der günstigen Verkehrslage angenommen werden.

3. Zentrale, nichtstädtische Orte

Zentrale Orte erkennbar an Zusatz bei Ortsnamen („Markt", „Freiheit", „Flecken"). Nicht zu verwechseln mit kleinen Landstädtchen (= Zwergstädte), mit Stadtrecht.

„Zentralität" (nach CHRISTALLER) = Bedeutungsüberschuß gegenüber Umland und Nachbarorten. Zentraler Ort hat für Umgebung besondere funktionale Bedeutung (Dienstleistungen, Verwaltung, Markt usw.). Zentralität im wesentlichen auf städtische Orte beschränkt. Aber innerhalb einer Hierarchie zentraler Orte auch auf unterster Ebene oft Landgemeinden mit gewisser Ausstattung zentralörtlicher Funktionen.

3.8.5 Städtische Siedlungen

Zunächst Größe, Dichte und Verteilung der Siedlungen erfassen. Danach Bedeutung der Lage (→ 3.8.2) der Städte analysieren und interpretieren. Topographische Lage der Siedlungen z. B. bedingt manchmal Grundriß der Altstädte und Möglichkeiten der Erweiterungen. Behindertes Wachstum oder Ausbau in ganz bestimmten Richtungen und nicht ringförmig zentrifugal hat z. T. Ursachen in Lage der Städte. Zur Analyse und Interpretation der geographischen Lage nicht nur Verkehrslage beachten, sondern auch Umland. Zu jedem zentralen Ort gehört ein Umland, gegenüber dem die Stadt einen Bedeutungsüberschuß aufweist, Zentralität wächst mit Umland und Größe der Siedlungen.

Städte durch Größe, geschlossene Ortsform, differenziertes Ortsbild und Mindestmaß an zentralen Funktionen ausgezeichnet. Vor allem durch Kartenbeschriftung leicht von Landgemeinden zu trennen. Auf deutschen Karten Städtenamen in Großbuchstaben, Dörfer nur mit großen Anfangsbuchstaben, Stadtteile in Schrägschrift. Bevölkerungszahlen aus deutschen Karten nicht zu entnehmen, nur indirekt aus Siedlungsplätzen und Ortsgröße zu schätzen, manchmal aus Schriftgröße zu entnehmen.

Wesentlicher Grundkern der Interpretation ist formale und genetische Betrachtung, daran kann sich funktionale Betrachtung anschließen. Beachten, daß sich daraus räumliche Strukturen entwickeln. Innere Differenzierung der Städte nach Lage, Genese, Form und Funktion ergibt räumliches Stadtgefüge, Struktur. Verhältnis der einzelnen Teile zueinander beachten, z. B. Kern – Rand, Wohngebiete – Industriegebiete etc.

1. Formale und genetische Betrachtung

Zunächst Kern und Ausbauzonen (Unterschiede von Straßengrundriß und Bebauung) analysieren. Bedeutung der Verkehrslinien, vor allem auch der Eisenbahn beachten (vgl. Abb. 37).

Altstadt: historischer Gründungskern einer Stadt. Ausdehnung der Stadt überschritt bis zum Ende des 18. Jhs. (Beginn der industriellen Revolution) im allgemeinen die Altstadt nicht. Grundriß sehr unterschiedlich von ungeplant, an topographische Lage angepaßt bis zu geplant. Dadurch manchmal Aussagen über Gründungszeit (neben Ortsnamen-Analyse) möglich (→ unten). Meist aber kompakt und dicht bebaut. Auffällig auch durch Abgrenzung: ehemalige Stadtmauer in Ringstraße, Grünanlagen wiederzuerkennen. Dort auch oft spätere öffentliche Gebäude angesiedelt. Altstadt enthält wichtige Kirchen, Rathaus, Marktplatz.

Innenstadt/City: zentral gelegener Stadtteil; dichte Bebauung zu administrativen oder kommerziellen Zwecken, viele Geschäfts- und wenige Wohngebäude (Cityaushöhlung). City oft identisch mit Altstadt oder diese einschließend. Meist dichte und hohe Bebauung durch flächenhafte Signaturen ausgedrückt (Schrägraster): einzelne Gebäude werden nicht mehr dargestellt. Ausbau der Altstadt zur City häufig von Altstadt ausgehend zum Bahnhof: dadurch City manchmal nur zum Teil Altstadt umfassend und über sie hinausgehend. Aus genetisch unterschiedlicher Substanz bestehend (vgl. Abb. 38).

Außenstadt: meist locker bebaute Stadtzone (überwiegend Wohnfunktion), die sich stadtauswärts an City anschließt. Trennung von Alt- und Außenstadt oft an Ringstraße erkennbar, die auf ehemaligem Altstadtwall oder Stadtmauer verläuft. Außenstadt umschließt unterschiedliche Ausbauzonen verschiedenen Alters. Wilhelminischer Ausbau ähnlich wie Gebiet der City zwischen Altstadt und Bahnhof: mehr oder weniger regelmäßige, geradlinige Straßenführung, Häuserzeilen (schwarze Blocksignaturen) begleiten Straßen; vereinzelte Plätze, auf die Straßen manchmal sternförmig zulaufen. Später dann aufgelockertere Bauweise, typisch für Bauweise nach 2. Welt-

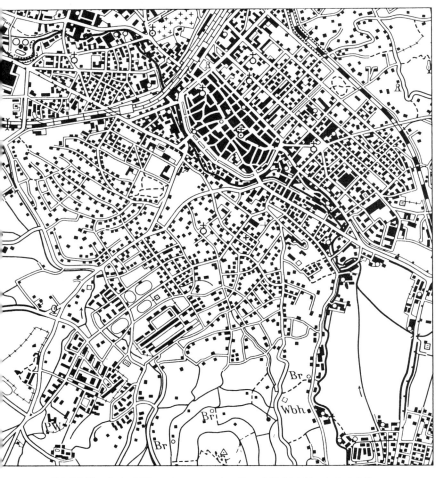

Abb. 37: Genetische Differenzierung aus dem Grundrißbild („Phantasiestadt"). (Generalisierter Ausschnitt aus 1:25 000)

Ovaler Altstadtkern mit dichter Bebauung, Ausbau- und Verdichtungszone zwischen Altstadt und Bahnhof sowie entlang der frühen Ausfallstraßen, nordöstlich der Altstadt wilhelminischer Ausbau mit regelmäßigem Straßengrundriß und Sternplatz, südwestlich der Altstadt jüngere Ausbauzone mit unregelmäßigem Grundriß und lockerer Bebauung.

Abb. 38:
Altstadt und City;
4506 Duisburg,
1 : 25 000.

Halbkreisförmiger Altstadtkern, begrenzt durch Innenhafen und Ringstraße, mit Kirche, Rathaus und Markt in zentraler Lage; City als südlicher Teil der Altstadt sowie Band zwischen Altstadt und Bahnhof im wilhelminischen Ausbauviertel östlich der Altstadt. City und Altstadt überdecken sich nur teilweise, Altstadt ebenso wie City gehen aber jeweils über diesen Überdeckungsbereich hinaus.

Interpretationsskizze zu Abb. 38

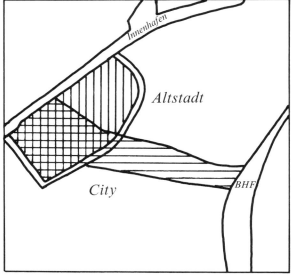

krieg sind Häuserblocks schräg zur Straße, Hochhäuser (große längliche Signaturen) gemischt mit Einzelhäusern, in jüngster Zeit vor allem auch mit gewundenen Straßen, die weniger für Durchgangsverkehr geeignet sind.

Stadterweiterungen in verschiedenen Formen möglich: *a) linear:* längs der Hauptausfallstraßen, in eine oder mehrere Richtungen, *b) ringförmig:* um den kompakten Zusammenhang mit dem zuvor gegebenen zu wahren, *c) blockförmig:* vermittelnd zwischen (a) und (b), so mittelalterliche „Neustadt", heute Siedlungsblöcke, *d) Einschluß von Vororten, Eingemeindungen.* Ständige Zersetzung älterer Sozial- und Wirtschaftszustände: z. B. ehemalige Bauerngemeinden heute Stadtteile, teilweise mit eigener Industrie und Gewerbe; große Einwohnerzahl. Soziale und wirtschaftliche Umbildung durch enge Verbindung mit städtischem Verkehrsnetz gefördert. Schnellstraßen, Vorortzüge, Straßenbahn.

In Außenzone der Städte damit auch Hinüberwachsen in andere Siedlungsräume möglich, *Erscheinung der letzten Jahrzehnte:*

Doppelstädte: moderne Entwicklung, bedingt durch starke Stadterweiterungen. Zwei Städte wachsen zusammen. Trennung hat oft nur noch politische Gründe (politische Skizze am Kartenrand beachten!).

Conurbation: Stadtlandschaft. Vor allem in Industrie- und Bergbaugebieten. Grenzen verschiedener Stadtindividuen fließen ineinander über. Landschaft mit dichtmaschigem Netz von Städten oder stadtähnlichen Gebilden überzogen: „verstädterte Landschaft".

Im folgenden werden einige *genetische Typen* mit ihren Merkmalen aufgezeigt: gegründete vormittelalterliche und mittelalterliche Städte, ungeplante gewachsene mittelalterliche Städte, Landesherrliche Gründungen des 16–18. Jhs., gewachsene Städte der Neuzeit und Trabanten- und Satellitenstädte.

a) Gegründete vormittelalterliche und mittelalterliche Städte

Vormittelalterliche Städte besonders im *Mittelmeergebiet.* Dort siedelte auch bäuerliche Bevölkerung meist städtisch. Eigentliche Stadtfunktionen fehlen aber meist. In Deutschland „Römerstädte" = ehemalige römische Garnisonsstädte. Altstadtkern (auf Karte oft kaum zu erkennen) quadratisch bis rechteckig, Straßenkreuz in der Anlage. Form geht auf Grundriß ehemaligen römischen Kastells zurück (z. B. Köln, Trier, Regensburg etc.). Im mittelmeerischen Europa kontinuierliche Stadtentwicklung seit der Antike. Im *außermittelmeerischen Europa* häufig Zerstörung der Römerstädte durch stadtfeindliche Germanen. Anlage der germanischen Siedlungen (Dörfer) oft randlich oder innerhalb der alten römischen Mauern. Alte Römerstädte heute vielfach Bischofsstädte (Trier, Köln, Mainz etc.). Mittelalterliche Städte in Deutschland teilweise auf römischen Stadtwüstungen. Ansonsten seit etwa 10. und 11. Jh. in der Nähe von Bergen (Burgsiedlungen) oder bereits bestehenden Siedlungen gegründet. Besondere Stadtrechte; Ummauerungsrecht schlägt sich in Karte nieder: Stadtmauer. Bei kleinen Städten oft noch ganz erhalten, bei größeren Städten ehemaliger Verlauf der alten Stadtmauer identisch mit Verlauf von Ringstraßen um Altstadt oder Park- und Grünanlagen, ringförmig um alten Stadtkern.

Altstadt: entweder unregelmäßig – spitzwinklig verlaufende Straßen und Gassen oder geplanter Grundriß (z. B. Lübeck, Rothenburg: rippenförmige Anlage; Breslau: Schachbrettform; Zähringerstädte: rechtwinkliges Straßennetz mit 2 sich kreuzenden, breiten Mittelachsen = ehemalige Marktstraßen).

Langgestreckter Grundriß kann durch Straße, dreieckiger durch Geländesporn vorgegeben sein (FEZER 1974). Altstadt meist mit großer Kirche und Marktplatz (Marktrecht). Ehem. Burg oft randlich in Stadtbefestigung einbezogen und in Schutzlage.

Stadtgründung oft in Nähe schon vorhandener Dörfer, diese zusammen mit anderen Dörfern der Stadtumgebung wüstgefallen, daher häufig Ortswüstungen in Stadtnähe auf Karte erkennbar. Stadtname oft von Dorf übernommen (Sigmaringen – Sigmaringen-Dorf, Veringenstadt – Veringendorf). Zusammenhang auch durch Bezeichnung „Altstadt" für Dorf in Stadtnähe zu erkennen (Rottweil – „Altstadt"; Oberndorf – „Altoberndorf"). Wenn schon bestehende Marktsiedlungen in Stadtgründung einbezogen: zusammengesetzter Altstadtgrundriß: 1. Berg oder Kloster, 2. Marktsiedlung (altes Dorf) mit Marktplatz, 3. geplanter Stadtteil der gegründeten Stadt. Stadtmauer umfaßt dann 1.–3. (z. B. Braunschweig). Auf Karte einzelne Altstadtzellen oft schwer erkennbar.

Im 13. und 14. Jh. „Stadtgründungsfieber" der zahlreichen kleinen Territorialherren; Stadt = Statussymbol. Dadurch häufig Fehlgründungen, heute meist Zwergstädte oder Dörfer, die ehemals Städte waren. Konkurrenzgründungen oft dicht beieinander (vgl. Abb. 40).

Viele Städte aus dieser Zeit aber auch zu Mittel- und Großstädten weiterentwickelt, wenn Entwicklung städtischer Funktionen nicht behindert war (Verkehrszentrum, Handels- und Wirtschaftszentrum, Residenzen).

b) Ungeplante, gewachsene mittelalterliche Städte

Städte des 14. und 15. Jhs. Unregelmäßiger Haufendorfgrundriß erhalten und auf Karte erkennbar. Marktplatz oft später geschaffen, Kirche zentral. In Süddeutschland selten, in Niedersachsen häufiger. Ebenso in Westfalen, Brandenburg, Ostpreußen. Gewachsene mittelalterl. Städte mit Haufendorfgrundriß nicht zu verwechseln mit gewachsenen Industriestädten der Neuzeit (→ unten). Unterscheidung nach Karte kaum möglich. Anhaltspunkt evtl.: erstere in überwiegend ländlicher Umgebung, letztere in Industrielandschaften mit Conurbation. Außerdem vereinigen gewachsene Industriestädte oft mehrere dörfliche Siedlungen in sich.

c) Landesherrliche Gründungen des 16. bis 18. Jhs.

Typ der „Renaissancestadt", von italienischen Baumeistern für absolutistische Herrscher erbaute Haupt- und Residenzstädte. *Städtebauliches Ideal:* streng geometrischer Grundriß mit strahligem Straßennetz; Schloß des Fürsten mit Parkanlagen im Mittelpunkt. Freudenstadt = Vorläufer dieser Städtegeneration. Andere Städte dieser Art: Ludwigsburg (1705, unvollendet), Karlsruhe (1715). Daneben andere Grundrißideale, z. B. „Mühlespiel": Stadtgliederung in regelmäßige Quadrate. *Beispiel:* Mannheim (Abb. 39) nach Zerstörung durch die Franzosen 1691; Oslo (1624 = Kristiania).

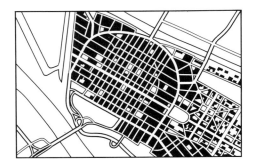

Abb. 39:
Landesherrliche Gründung
Mannheim; L 6516 Mannheim,
1 : 50 000

Aus dieser Zeit stammen auch bastionäre Befestigungssysteme, die manche Städte (auch mittelalterliche) umgeben (Typ der Festungsstadt). Hinweis z. B. Straßen, die den früheren 3- oder mehreckigen Bastionsvorsprüngen folgen (VAUBAN). Gebiete innerhalb der ehem. Bastionen heute oft Parkanlagen mit Teichen oder Wassergräben.

Gegründete Städte dieser Zeit auch die geplanten Neuansiedlungen ausländischer Glaubensflüchtlinge (Hugenotten usw). Diese Städte mit ihrem regelmäßigen Grundriß aber schwer als solche zu erkennen, allenfalls am Namen.

d) Gewachsene Städte der Neuzeit

Industriestädte:

Nur zum Teil in Anlehnung an ländliche Siedlungen entwickelt, dies besonders in heute noch überwiegend ländlichen Gegenden in den großen Industrierevieren dagegen keine Entwicklung von eigentlichen Alt-Stadtkernen, da Wohnsiedlungen der Arbeiter oft wild in die Landschaft hineinwucherten oder willkürlich in der Nähe von Zechen usw. aus dem Boden gestampft wurden. Häufig mehrere Dörfer in einem solchen Industriesiedlungskomplex, der dann zur Stadt zusammengefaßt wurde; Dorfname oft für Stadt namengebend. Alte Dorfkerne häufig nicht mehr zu erkennen wegen starker Überbauung. *Typisch* für schnellgewachsene moderne Industriestädte: sehr dichte Bebauung (Mietskasernen, Wohnblocks), stark durchwachsen mit großen Industrieanlagen. Meist „Conurbation" (→oben), d. h. Ineinanderwachsen der Städte. Citybildung sehr jung, keine eigentliche Stadtviertelbildung, da zu regellos und zu schnell gewachsen (*Probleme:* Schaffung von Grün- und Erholungsanlagen in Stadtnähe, Verkehrssanierung, Sanierung von ehem. Bergarbeitersiedlungen; teilweise geplante Einfamilien- und Reihenhaussiedlungen aus jüngerer Zeit erkennbar!).

Wild gewachsene Industriestädte nicht zu verwechseln mit großen Industriestädten, die schon im Mittelalter als Stadt bestanden und alte Stadtkerne aufweisen. Sie haben eindeutige City- und Viertelbildung (auf Karte erkennbar) und überregionale Stadtfunktionen; junge Großstädte meist funktional einseitig (z. B. Kombination von Kohlebergbau und Industrie mit Wohnfunktion).

Andere gewachsene Städte der Neuzeit:

Aus Dörfern entstanden. Gründe für Wachstum oft wirtschaftlicher Aufschwung (aber nicht auf Schwerindustriebasis) oder fürstliche Willkürakte (Residenzen). Häufig im Norddeutschen Tiefland, am Rand Marsch/Geest. Residenzfunktion auf Karten oft schwer als solche zu erkennen; Beschriftungshinweis („Schloß", „Kaiserhaus").

e) Trabantenstädte (Satellitenstädte)

In sich abgeschlossene, wirtschaftlich und politisch selbständige (Schrift) Nebenstadt einer Großstadt, durch gute Verkehrswege verbunden. Versorgungseinrichtungen oft gemeinsam, z. T. reine Schlafstädte: nur Wohnfunktion. Zwei *Typen:*

– alte Städte, die ausgebaut wurden; *„dormitory towns"* (= Schlafstädte),
– als Trabantenstadt gegründete Städte. Ursprung in England, *„New Towns"* im Zuge der Großstadtsanierung sowohl als unabhängige Städte mit eigenen Verwaltungs-, Kultur- und Einkaufszentren, Arbeitsplätzen etc., als auch als dormitory towns entstanden.

Karte: Lage von Klein- und Mittelstädten in der Nähe einer Großstadt-Neuanlage oder moderner Ausbau von Wohneinheiten, verkehrsmäßige Ausrichtung auf die Großstadt etc., z. T. Fehlen ausreichender Erwerbsgrundlagen am Ort.

Siehe Karte 4 im Anhang!

2. Funktionale Betrachtung

Ideale Stadt umfaßt möglichst viele Funktionen; daneben auch funktional einseitig ausgerichtete Städte. Vielzahl von Funktionen spiegelt sich aber im allgemeinen in *Viertelbildung* der Städte wider: Marktviertel mit Marktplatz; geistliches Viertel um große Kirche oder Kloster; Universitätsviertel; Krankenhausviertel; Bahnhofsviertel etc. Auf Karte teilweise gut zu erkennen durch Eintragungen wie Universität, Krankenhaus, Bahnhof etc. Innenstadt meist = Geschäftsviertel; daneben Industrieviertel leicht erkennbar. Wohnviertel als Arbeiterwohnviertel (Mietskasernen) und Villenviertel (einzelne Häuser, oft von Parks umgeben). Die „besseren" Wohnviertel meist zum Stadtrand hin: über einfache Funktion „Wohnen" hinaus spiegeln sich auch Sozialstrukturen wider (→ 3.7.3). So z. B. Unterscheidung von gehobenen Wohnvierteln, Industriearbeitervierteln und Zechensiedlungen (Kolonien, → 3.9.6) aus Hausgrundriß, Straßenführung, bebauungsdichte und Lage zu anderen Objekten (Parks, Industrieanlagen, Zechen etc.) möglich. *Siehe Karten 5, 6, 7 im Anhang!*

Funktional bestimmt sind z. B. folgende Viertel:

– dicht bebaute Innenstadt (City) – Geschäftsviertel, eingeschränkte Wohnfunktion anzunehmen;
– Wohnviertel, zum Teil mit anderen Funktionen gemischt – in Zentrumsnähe: Wohnblocks, Mietskasernen, Hinterhöfe; randliche Gebiete: aufgelockerte Reihen- und Einfamilienhaussiedlungen; Villenviertel oft mit Parkanlagen; sozioökonomische Stadtviertelbildung;

– Industrieviertel – durch gewerbliche Anlagen charakterisiert. Industriebauten (Fabriksignatur), Lagerflächen, Ziegeleien, Schotterwerke, Bahnanschlüsse etc.

Wichtig: häufig funktionale Umwandlung von Vierteln im Zuge der modernen Stadterweiterungen zu beobachten, z. B. ehemaliges Villenviertel wird überbaut und zu Arbeiterwohnviertel, ehemalige Arbeiterwohnviertel werden besonders in Citynähe zu Geschäfts- oder Industrievierteln. Funktionale Umgestaltung aber meist bei weitgehender Beibehaltung der ursprünglichen Substanz, zumindest der Straßenführung. Einzelne Gebäude werden ersetzt, aber vielfach bleiben alte Gebäude bestehen und erhalten neue Funktionen. Nicht immer aus Karte zu entnehmen.

Einzelne *Funktionen,* die sich im Siedlungsbild niederschlagen und zum Teil zu funktionaler Viertelbildung führen:

Marktfunktion (Handel): besonders bei Städten in ländlicher Umgebung sowie bei meisten anderen Städten. Städte als Einkaufszentren für Stadtbevölkerung und größeres, auch nichtländliches Umland (city). Marktfunktion aus Karte nicht immer erkennbar, aber bei meisten Städten anzunehmen. Auch Angaben wie ,,Messegelände" Hinweis auf Marktfunktion. *Historisch:* -wike(e) = Tauschplätze als Ansatzpunkte städtischer Entwicklung (Braunschweig).

Frühere Residenzfunktion: weltliche und geistliche Residenzstädte aus Karte kaum zu entnehmen, sofern nicht durch große Schloßanlagen oder andere Kartenangaben (z. B. ,,Bischofspalais") gekennzeichnet. Kleine und mittlere Städte mit Schlössern oft = Residenzen von kleineren Territorialherren (bedingt durch mittelalterliche Territorialzersplitterung).

Verwaltungsfunktion: aus Nebenkarten ersichtlich: Kreiseinteilung Hinweis auf Haupt- und Kreisstädte; evtl. in großmaßstäblichen Karten Verwaltungsgrenzen eingezeichnet und Verwaltungsgebäude näher bezeichnet. Bundestagsgebäude, Landtagsgebäude, Rathaus (bei Kirche und Markt).

Wohnfunktion: Trabanten- und Satellitenstädte. Reine Wohnfunktion meist auf Stadtteile und moderne stadtrandliche Siedlungskomplexe beschränkt. Im allgemeinen ist aber Wohnfunktion selten entmischt von anderen Funktionen: gewohnt wird in fast allen funktionalen Stadtvierteln. Dabei aber Qualität der Wohnung abhängig von anderen Nutzungen des Viertels. Wohnqualität unterschiedlich in City, citynahem Wohn- und Geschäftsbereich oder nahe Industriegelände bzw. Stadtparks.

Wirtschaftliche Funktionen: darunter fällt Marktfunktion (→ oben). Industrieanlagen, Fabriken etc. weisen auf wirtschaftl. Funktion einer Stadt hin, Hafenanlagen mit Lagerhallen und Silos ebenfalls. Geschäftshäuser (Banken, Kaufhäuser) auf Karte kaum zu erkennen, bei mittleren und größeren Städten aber zu vermuten. (→3.9)

Verkehrsfunktion: Eisenbahnknotenpunkte mit ausgedehnten Personen- und Güterbahnhöfen (Umsteigen oder -laden von einer Hauptlinie auf andere), Hafenstädte (→unten), Flughäfen in Stadtnähe wegen günstigerer Landverbindungen (Stadt als Verkehrsknoten). Geographische Lage = großräumliche Lage im Verkehrsnetz. (→ 3.10)

Kulturelle Funktionen: Kartenangaben wie „Universität", „Theater", „Kongreßhalle" etc. weisen auf Städte mit besonderer kultureller Funktion hin. Bei Haupt-, Groß- und Kreisstädten kulturelle Funktion meist zu vermuten („Staatsoper", „Landestheater").

Soziale und Freizeitfunktionen: Soziale Funktion der Städte auf Karte erkennbar an eingetragenen Krankenhäusern, Schulen, Altersheimen, Heil- und Pflegeanstalten etc. Auf Freizeitfunktion weisen Sportstätten (Stadion, Rennbahn, Regattasee, Yachthafen usw.), Tierparks, ausgedehnte, parkartige Grünanlagen und Freibäder hin. Kleingärten (= Schrebergärten) mit Wochenendhäusern dienen der Erholung der städtischen Bevölkerung. Kur- und Badestädte betonen oft einseitig diese Funktion.

Städte mit einseitig ausgerichteter Funktion

Z. B. nichtstädtische oder nichtländliche Wirtschaftsstruktur sehr einseitig, zentrale Funktionen nicht oder nur gering ausgeübt. *Beispiele:* Fremdenverkehrs-, Kur- und Badestädte, Bergbaustädte, reine Wohnsiedlungen.

Zwergstädte

Haben historisches Stadtrecht (Schrift), im Stadtbild oft städtische Züge (Marktplatz, Rathaus, regelmäßige Anlage, Ummauerung etc.), sind aber oft ökonomisch gesehen überwiegend Agrarsiedlungen (Ackerbürgerstädte). Meist weniger als 2000 Einwohner. In Süddeutschland besonders häufig. Zwergstädte ohne beachtenswerte Zentralität (Abb. 40).

Häfen und Hafenstädte

Unterscheidung von Natur- und Kunsthafen, Seehafen und Binnenhafen. (Binnenhafen kann sein: Flußhafen, Kanalhafen oder Dockhafen.)

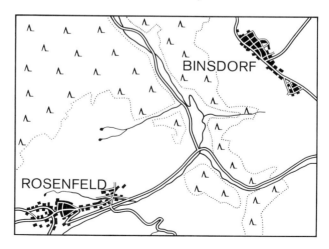

Abb. 40: Zwergstädte Rosenfeld und Binsdorf; L 7718 Balingen, 1 : 50 000

Funktional: Güterumschlaghafen (Handelshafen, Massengüter-Import und -Export), Personenhafen (Linienverkehr, Fährverkehr, Fremdenverkehr), Fischereihafen (Küstenfischerei, Hochseefischerei), Kriegshafen.

Günstige Hafenlage: in Buchten und Trichtermündungen, Häfen bzw. Hafenstädte haben immer mehrere Funktionen: Verkehrsfunktion, Wirtschaftsfunktion usw. Deshalb *wichtig:*

Meereslage (Lage an wichtigen Weltschiffahrtslinien, an Gegenküsten);

Landlage, Verkehrsverbindungen mit dem Hinterland; Größe des Hinterlandes, Art (z. B. Industriegebiete, wie Ruhrgebiet für Duisburg-Ruhrort).

Karte: Hafenbecken; Namen können Hinweise geben auf Art des Hafens, z. B. im Hamburger Hafen: Fischereihafen, Yachthafen, Petroleumhafen, Werfthafen, Zollhafen usw.; Hafenanlagen (Anlegestellen, Kais, Lagerschuppen, Silos, Öltanklager, Docks, Schleusen, Hafenbahnen, in großmaßstäblichen Karten evtl. Kräne usw.); Seezeichen (Baken, Bojen, Tonnen, Leuchttürme); Gebäude mit besonderen Funktionen (z. B. in Hamburg: „Auswandererhallen"); „Landungsbrücken" für Personenschiffahrt.

In Hafennähe, bzw. am Rande der Hafenstadt meist ausgedehnte Industrieanlagen (z. B. Schwerindustrie, da Transportweg für Kohle und Erze vom Hafen besonders kurz). Wärmekraftwerke ebenfalls häufig in Hafennähe. Enge Verknüpfung der Hafenanlagen mit anderen Verkehrsträgern (Eisenbahn): Umschlag von Wirtschaftsgütern.

3.9 Wirtschaft

3.9.1 Vorbemerkung (→II, 4.3.3, 4.3.4 und 4.3.5)

Wirtschaft auf topographischen Karten in allen Bereichen mangelhaft dargestellt. Angaben entweder zu undifferenziert („Fabrik"), nur von historischem Interesse („Köhlerei"), von relativ geringer Relevanz („Ziegelei") oder ganz fehlend. Vielfach Interpretation nur mit verschiedenen Möglichkeiten anzubieten. Hilfen können Lage, Vergesellschaftung mit anderen Geofaktoren, Analogieschlüsse sein.

Ansatzpunkt für Analyse und Interpretation wirtschaftlicher Faktoren des Kartenblattes ist *Frage nach der Erwerbsgrundlage* der dort siedelnden Bevölkerung: wovon leben die dort wohnenden Menschen? Damit erste Determinante gegeben: etwaige Anzahl von Arbeitsplätzen, auch etwaiger gesamter notwendiger Ertrag. Ergänzen durch andersgerichtete Fragestellung führt zur Eingrenzung möglicher Erwerbszweige, die dann aufgrund der eingezeichneten Elemente aufzusuchen wären: was könnte in diesem Raum wirtschaftlich genutzt werden?

Darstellung verschiedener Wirtschaftszweige auf der Karte und mögliche Anhaltspunkte für Interpretation im folgenden nach *Landwirtschaft, Forstwirtschaft, Fischerei, Gewerbe und Handel, Bergbau, Industrie, Energiewirtschaft, Naherholung und Fremdenverkehr* gegliedert.

3.9.2 Landwirtschaft

Grünlandwirtschaft, Viehwirtschaft und Milchwirtschaft:

Karte: Signatur Wiese, Weide und z. T. durch Namen, „Brühl" = Wiese, „Breite" = Acker. Meist in Verbindung mit Viehwirtschaft (Viehzucht; Milch, Käse oder Fleisch). Da Grünlandnutzung wenig intensiv: nur auf ackerwirtschaftlich wenig ertragreichen oder lagemäßig ungünstigen Böden (z. B. Außendeichland der Marschen: salzwasserüberspült; Flußauen: Hochwasser, sumpfige und nasse Stellen (Vernässungssignatur); Altmarschen: Böden nicht locker genug). Großstallanlagen: Massentierhaltung auf engstem Raum (Gülleprobleme).

In Hochgebirgen: *Almwirtschaft* (im Allgäu = Alpwirtschaft) = landwirtschaftliche Nutzung von Gebirgsweiden, Lichtungen und Waldweiden, die im Sommer getrennt vom Talbetrieb bewirtschaftet werden (Viehzucht, Milchwirtschaft). Sommerliche Wirtschaftsflächen auch in mehreren Stockwerken möglich. Weideflächen, Hütten. *Lage:* evtl. auf Trogschultern. *Namen:* Stafel, Alm, Alpe, Maiensäß etc: Stockwerkbetrieb (z. B. rhätisch: Alm Prima, Alm Secquonda), Art des Viehbesatzes (Roßalm, Galtalm), Besitzverhältnisse (Gemeindalm etc). „Molkereien" und „Meiereien" sind meist als solche verzeichnet. *Siehe Karte 8 im Anhang!*

Ackerbau

Auf Karten weißgelassene Flächen außerhalb Ortschaften in der Regel Ackerland. Offenes Feldland, soweit nicht als Grünland oder durch Sonderkulturen genutzt. Bodenflächen, die regelmäßig oder auch zeitlich überwiegend mit Getreide, Feldfrüchten und Futterpflanzen bestellt werden. Anbau nur indirekt und teilweise zu erkennen, z. B. Zuckerfabrik in ländlicher Gegend = Hinweis auf Zuckerrübenanbau; Getreidemühlen, wenn als solche bezeichnet = Hinweis auf Getreideanbau: Flurnamen wenig aussagekräftig (nur historisch). Hinweise evtl. durch Lage zu Märkten: intensive Kulturen nahe Ballungszentren. Allerdings in bäuerlichen Randgemeinden industrialisierter Zentren häufig nur Nebenerwerbslandwirtschaft mit Industriependlern; Einzelhofgebiet dagegen Vollandwirtschaft.

Differenziertere Angaben z. T. bei südeuropäischen Kartenwerken. Cultura mista auf italienischen Karten durchaus ablesbar, auf Weizenanbau muß aber auch hier für weiße Flächen zwischen Wein- und Oliven-Signaturen geschlossen werden.

Gartenbau

Intensiver Gartenbau in Stadtrandnähe durch zusätzliche Signaturen (Glashäuser etc.) gekennzeichnet. Große zusammenhängende Gartenbausignatur um Dörfer oder Stadtrandsiedlungen, in Städten nahe Bahngeleisen etc.: Schrebergärten (Kleingärten), ohne Unterteilung darstellend. Nicht nur landwirtschaftlich genutzt, sondern auch zur Erholung und zur teilweisen Selbstversorgung.

Sonderkulturen

Gesonderte Kartensignaturen (Obst, Gartenbau, Hopfen, Tabak, Baumschulen). Intensive Bewirtschaftung. Spezialkulturen mit großem Arbeitsaufwand, verbunden mit landwirtschaftlichen Kleinbetrieben und Siedlungsdichte. Wein-, Obst- und Tabakanbau setzen Klimagunst voraus. Intensiver Gartenbau, Frühgemüse etc. in Stadtrandnähe, evtl. durch Glashäuser angezeigt.

Wein

Anbau von Klima, Böden, Lage und wirtschaftlichen Erwägungen geprägt.
Böden: keine besonderen Ansprüche. Dunkle Böden (Schiefer) speichern Wärme.
Klima: über 9 °C mittlere Jahrestemperatur (am besten 10–12°), mindestens 30 Sommertage über 25 °C, milder Herbst und Winter, während Vegetationsperiode mindestens 100 gute Sonnentage (Exposition nach S an sonnenreichen Hängen!), feuchtes Frühjahr, wenig Niederschläge während Blüte. Empfindlich gegen N- und Ostwinde (künstlicher Windschutz: Hecken, Zäune, Mauern). Große Wasserflächen, z. B. Bodensee oder breiter Rhein vor Rheingau, wirken temperaturausgleichend.
Lage: Höhe über NN, Exposition (Himmelsrichtung und Neigungswinkel der Anbaufläche), Windschatten wichtig. Von der Lage, dem Kleinklima eines Raumes hängt vieles, vor allem an der Existenzgrenze des Weinbaus, ab. *Ungünstig:* Talsohlen (Kaltluftseen), Bergkämme etc.

Anbau erfolgt flächig bei günstigem Weinbauklima, am Hang an klimatischer Grenze des Weinbaus. Terrassenbau seit Mittelalter. Anbau auch zwischen anderen Kulturen, z. B. in cultura mista. Arbeits- und kapitalintensiv. Enge Dörfer, dicht aneinandergereihte Gebäude, oft befestigte Dörfer. Nachfolgekultur häufig Obstbau, Hopfen. Relative Flurwüstungen („Weinberg" ohne Weinbausignatur) durch Rückgang des Weinbaus seit dem 16. Jh. (Ursachen: Geschmacksänderung, Rebkrankheiten, Handelszölle), besonders stark in Grenzzonen (Unrentabilität) und an Klimagrenze.

Obst

Signaturen meist ohne Unterscheidung der Obstarten, des Alters, des Ertrags. Verbreitung hat ökologische und wirtschaftliche Gründe. Obstbau oft in Verbindung mit Wein (ähnlich arbeitsintensiv, nicht ganz so anspruchsvoll), oft im Nebenerwerb. Äpfel und Birnen in ähnlichen Anbaugebieten. Pappelpflanzungen in Obstbaugebieten dienen sowohl dem Windschutz als auch der Herstellung von Kisten für den Transport: dann meist Obstgüter und nicht Nebenerwerbslandwirtschaft.

Hopfen

Für Anbau wichtig: tiefgründige Böden, mildgemäßigtes Klima und vor allem wirtschaftsgeschichtliche Entwicklung (oft Nachfolgekultur des Weinbaus). Arbeits- und kapitalintensiv (Dauerkulturen 15–20 Jahre). Engbegrenzte Hopfenbaugebiete in Europa.

3.9.3 Forstwirtschaft

Hinweise auf *Karte:* Förstereien, Waldschneisen, Sägewerke, Sägemühlen usw. (Abb. 41).

Große zusammenhängende Waldgebiete meist „Staatsforsten" oder Gemeindewald und als solche bezeichnet; regelmäßiges Schneisen- und Wegenetz. Bei kleineren, nicht näher bezeichneten Wäldern Unterscheidung von Staats- und Gemeinde- bzw. Bauern- oder Privatwald kaum möglich, allenfalls durch Namen. Einteilung in „Jagen" (= numerierte Waldbezirke mit römischen oder arabischen Ziffern) = Hinweis auf

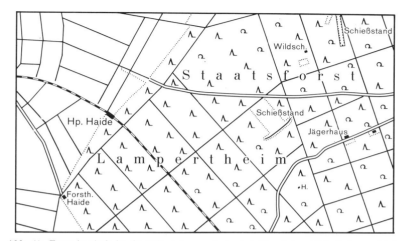

Abb. 41: Forstwirtschaft im Staatsforst Lampertheim bei Mannheim (Naherholungsgebiet); L 6516 Mannheim, 1:50 000

planmäßige Waldwirtschaft. Kleine Waldstücke und Wälder mit vor- und zurückspringender Wald-/Flurgrenze meist Bauernwald (Hinweis auf Bauernwald auch Flurnamen wie „Bauernhau", „-heck" usw.).

Wiederaufforstungen (z. B. „Plantagen" in Schleswig-Holstein) nicht immer als solche zu erkennen; in Heidegebieten (Geest) häufig. Aufforstungen meist Nadel- oder Mischwald (mit schnellwachsenden Fichten).

3.9.4 Fischerei

Direkte Hinweise auf Fischerei kaum aus Karte zu entnehmen, nur vereinzelt Hinweise wie „Fischereihütte", „Fischereihafen" etc.

Küstenfischerei anzunehmen bei kleineren Hafenorten, deren Häfen nicht für Personen- oder Güterverkehr größeren Ausmaßes geeignet sind (vgl. Abb. 36). Fischereihäfen mit „Fbr."-Signaturen eventuell zur Weiterverarbeitung in Fischkonserven, Küsten- und Hochseefischerei aber auch von größeren, multifunktionalen Häfen aus, dort einzelne Hafenteile den Fischereibooten zugewiesen (Namen).

Binnenfischerei meist noch schwerer zu erkennen, da geringere Ausmaße. Hinweise auf Fischzucht: regelmäßige Anlage von Seen und Teichen, vielfach hintereinandergestaffelt an Bachläufen. Daneben manchmal auch Wirtshaussignatur.

Besondere Kulturen z. T. eingezeichnet, z. B. Austern.

3.9.5 Gewerbe und Handel

Hinweise auf früher betriebene Gewerbe meist in Waldgebieten zu finden (Köhlerei, Glasmacherei, Eisengewinnung) und an Orts- bzw. Flurnamen zu erkennen (z. B. „Kohlhaus", „Glashütte" usw): „-lohe" = Hinweis auf frühere Lohgerberei; Hammerwerke (meist als solche bezeichnet) = Hinweis auf Eisenverarbeitung in früherer Zeit. Diese Gewerbe *(Waldgewerbe)* im vergangenen Jahrhundert erloschen.

Andere Gewerbe: Fischzucht (→ 3.9.4), Steinbrüche, Ziegeleien etc. (→ 3.3.5), Molkereien (→ 3.9.2). Städtische Gewerbe fast überhaupt nicht auf Karten nachzuweisen, allenfalls Kleinindustriebetriebe (→ 3.9.7).

Handel nur indirekt aus Karte zu erschließen: Verkehrsnetz, Häfen mit Lagerschuppen, Güter- und Verschiebebahnhöfe, Messegelände in großen Städten. Zentrale Orte (Städte, Märkte, Flecken, Freiheiten usw.) sind regionale oder überregionale Handelsschwerpunkte; ebenso Industriegebiete und Gebiete mit landwirtschaftlichen Sonderkulturen („Gemüsegürtel" um Großstädte).

3.9.6 Bergbau

Rohstoffgewinnende Industrie, oft mit rohstoffverarbeitenden Industrien verbunden. Bergbau tritt selten vereinzelt auf. Eventuell Leitlinien der jeweiligen Vorkommen aus Lage der Bergbausignaturen zu erkennen.

Karte: Hammersignaturen für Bergbau, Zechennamen („Hannoversche Treue"), Halden, Fördertürme, Luftschächte, Kühltürme, Seen und Teiche, Gleisanlagen. Haldensignaturen unterscheiden nicht zwischen z. B. Kohle- und Abraumhalden. Meist wenige und sehr kleine Betriebsgebäude. Gefördertes Material entweder aus Beschriftung abzulesen oder aber über Lagerstätten (→ 3.3.5), auch über benachbarte rohstoffverarbeitende Industrien zu schließen. Tagebau und Schachtbau unterscheiden.

Tagebau mit großflächigen Anlagen und Umgestaltung weiter Areale: Rekultivierung durch relativ systematisch angelegte Wälder, Seen, neue Siedlungen, planmäßiges Straßennetz zu erkennen. Namen der Siedlungen oft mit Zusatz „Neu-" oder aber historische Namen bei modernem Siedlungsbild. Rekultiviertes Gelände meist eben, aber auch bepflanzte Halden möglich.

Schachtanlagen mit Fördertürmen und Luftschächten, Abraumhalden. Kompaktere oberirdische Anlagen. Abraummengen unterschiedlich bei senkrechten oder schrägen Schächten entlang der Gänge und Flöze.

Zum Bergbau gehörig oft spezielle *Bergbausiedlungen,* sogenannte Kolonien. Meist geschlossene Siedlung, z. T. an bereits bestehende Siedlung anschließend. Regelmäßiger Straßengrundriß, Vielzahl regelmäßig angeordneter Häuser, deren symmetrischer Grundriß Doppelhäuser vermuten läßt. Dazwischen vielfach Gartenbausignaturen.

Aufgelassene Stollen und Schächte haben eigene Signatur. Pingen (= durch Stolleneinsturz bedingte Mulden an Oberfläche, oft großflächig) auf deutschen Topographischen Karten durch schwarze Schrägschraffur gekennzeichnet.

3.9.7 Industrie

Sowohl rohstoffverarbeitende als weiterverarbeitende Industrie, keine Unterschiede in Signatur. Rohstoffverarbeitende Industrien können nahe Bergbau vermutet werden oder als große Anlagen (z. B. Stahlwerk) in günstiger Verkehrslage, z. B. an großen Flüssen, Fluß- oder Seehäfen.

Rohstoffaufbereitende Industrien im allgemeinen mit besonders großen Anlagen: Fabrikationshallen, Schornsteine, Hochöfen, Kühltürme. Rohmaterial wird auf Halden, in Bunkern, Silos, Tanks (Ölraffinerie: Vielzahl von schwarzen runden Signaturen = Tanks) gelagert, Abfall auf Halden. Großräumliche Verladeeinrichtungen, Gleisanlagen. Elektrizitätsanschlüsse meist wichtig: nahe Elektrizitätswerken, Umspannwerken, Hochspannungsleitungen.

Siehe Karte 10 im Anhang!

Weiterverarbeitende Industrien benötigen dagegen im allgemeinen weniger Raum für Lagerung der Materialien oder Abraum. Auch Transporteinrichtungen auf Fabrikationsgelände meist geringer. Gebäude unterschiedlicher Größe, auch Schornsteine möglich. *Schwerindustrie:* großer Gebäudegrundriß, mehr Gebäude und Lagervorrichtungen, Bahnanschluß. *Leichtindustrie:* Hochbauweise möglich, damit kleinere Gebäudegrundrisse und Fabrikgelände.

Kartenhinweise im allgemeinen sehr schlecht. Signaturen sagen allenfalls „Fabrik", nichts über Art, Beschäftigtenzahl, Alter etc. Bei allen Schlußfolgerungen Vorsicht! Neben Signaturen für Fabriken nach *Fabrikgebäuden* suchen, die aber auch von normalen Haussignaturen allenfalls durch Größe des Grundrisses unterschieden werden. *Verkehrserschließung* von Bedeutung: Lage zu wichtigen Straßen, Schienenwegen, Wasserwegen; evtl. Nebengleisanschlüsse vorhanden. Elektrizitätswerke und Starkstromleitungen in der Nähe, Schornsteine können Hinweise auf Art der Industrie geben. Werke in der Nähe von Wasserenergiegewinnung häufig Elektrometallurgische Industrien, z. B. Aluminiumhütten, *Lage zum Wasser* auch für Kühlwasser, Brauchwasser von Bedeutung, z. B. Elektrizitätswerke, Hütten-, Schwer-, Chemische und Zellstoffindustrie. *Umland* wichtig bei landwirtschaftliche Produkte verarbeitenden Industrien, z. B. Zuckerfabriken. Werke in Gebieten mit landwirtschaftlichen Sonderkulturen (→ 3.9.2, Garten- und Obstbau etc.) können Konservenfabriken sein. Große Waldgebiete und Sägewerke (eigene Signatur) weisen auf mögliche holzverarbeitende Industrie in der Nähe hin, „Kupferhütte" gibt dazu noch die Art des verarbeiteten Stoffes an. Große Städte, vor allem Hauptstädte, besonders geeignet für weiterverarbeitende Betriebe, die Fühlungsvorteile ausnutzen.

Beschäftigtenzahlen der Betriebe schlecht abzuschätzen. Hinweise: Parkplätze, Zufahrtsstraßen, Größe benachbarter Siedlungen. In Siedlungen aber auch andere Erwerbsmöglichkeiten bedenken. Größe der Industriegebäude nicht immer automatisch mit Beschäftigtenzahlen korrelieren!

Industrie kann ganze Räume prägen, sogenannte „Industrielandschaften", „Industriegassen". Städte bevorzugte Industriestandorte, bildet dort aber meist nur eine von vielen Erwerbsgrundlagen. Stark industrialisierte Städte von andersartigen (Verwaltungsstädten, Fremdenverkehrsorten) unterscheiden. Starke randliche Siedlungserweiterungen („Wachstumsspitzen") meist in Zusammenhang mit Industrialisierung, auch in Landgemeinden (Vorsicht: Pendler!).

3.9.8 Energiewirtschaft

Sicherer Hinweis: *Hochspannungsleitungen.* Anfang und Ende genau beachten! Eingezeichnete Pfeile sagen nichts über Richtungen aus (!). Kraftwerke, Umspannwerke, Abnehmer wie z. B. Industrie sind Endpunkte von Hochspannungsleitungen. Nicht immer Beschriftung von Kraftwerken und Umspannwerken.

Kraftwerke können auf Kohle-, Erdöl-, Erdgas-, Wasser- und Atomenergiebasis beruhen. Wasserkraftwerke sowohl an Flußläufen als auch an Stauseen (meist größeres Potential). In beiden Fällen *Staumauern* eingezeichnet. Größe eines Stausees, zusammen mit Tiefe, ergibt ungefähren Aufschluß über Kapazität. Übereinandergelegene Stauseen, durch Druckstollen miteinander verbunden, können Hinweise auf Pumpspeicherwerk sein: oberer See ohne Kraftwerk. Wasserkraft meist relativ preisgünstig, in der Nähe Elektrometallurgische Industrie möglich. Erdöl und Erdgas zur Elektrizitätsgewinnung selten; neben Hochspannungsleitungen auch *Gas- und Ölleitungen.* Kohlekraftwerke mit umfangreichen, meist langgestreckten Gebäuden, Schornsteinen, Gleisanlagen, Lagerflächen eingerichtet. Lage am Wasser wegen Kühlung und Transport. Evtl. Kohlebergbau in der Nähe. Nebenprodukt oft Gaserzeugung, Gasometer. Kernkraftwerke weniger große Anlagen, kleinerer Gebäudegrundriß, geringere Ausstattung. Ebenfalls großer Kühlwasserbedarf. Bedeutung von Kraftwerken an Zahl der Hochspannungsleitungen ablesen.

Unterschiedliche *Standorte* der einzelnen Kraftwerke: Wasserkraftwerk mehr an physische Voraussetzungen gebunden, Atomkraftwerk eher nahe dem Verbraucher. Günstige Standorte für Wärmekraftwerke: Kohlegruben, besonders in Braunkohlegebieten sowie in Küstengebieten (billiger Seetransport von Kohle und Öl). An Mittel- und Unterläufen von großen Flüssen: Flußkraftwerke („Laufwerke").

Kraftwerke produzieren für ein Verbundnetz, können somit für entlegene Verbraucher produzieren. Vorhandensein oder Fehlen von Kraftwerken damit nicht besonders bedeutungsvoll für durchschnittlichen Industriebetrieb. *Umspannwerke* in unmittelbarer Nachbarschaft von Industriebetrieben dagegen meist Hinweis auf energieintensive Arbeitsprozesse.

3.9.9 Naherholung und Fremdenverkehr

Naherholung im Stadt- und Stadtrandbereich durch Grünanlagen, Botanische Gärten, Zoos, Baggerseen, Sporteinrichtungen wie Stadion, Radrennbahn, Freibad, Sporthalle ermöglicht. Dazu gehören auch Schrebergärten (→ 3.9.2) und Friedhöfe. Einrichtungen zur Naherholung oft in Grüngürteln (z. B. auf ehemaligen Befestigungsanlagen). Grünzonen (z. B. in ehemals versumpften Flußniederungen) in starkem Kontrast zu dicht bebautem Gelände.

Fremdenverkehr mit entsprechender Verkehrserschließung an landschaftlich besonders geeigneten Stellen. Ausgesprochene Fremdenverkehrsgebiete meist überwiegend ländliche Regionen, Gebiete mit viel Wald, an der See, an Binnenseen, im Hoch- und Mittelgebirge sowie in Weinbaugegenden. *Karte:* Naturschutzgebiete, Naturparks, bekannte Schlösser, Klöster, Burgen, Kirchen u. a. Sehenswürdigkeiten wie z. B. befestigte mittelalterliche Städte (Stadtmauer) u. ä.; Aussichtspunkte, Sanatorien (Luftkurorte), Kurhäuser, Pavillons, Kurparkanlagen; Campingplätze, Jugendherbergen; Wanderwege; im Hoch- und Mittelgebirge: Hütten, Hotels oder Wirtshäuser („Whs"), Skilifte; an der See: Strandbäder, Hotels etc. *Siehe Karte 9 im Anhang!*

Je dichter und besser *Verkehrsnetz* (Straße, Eisenbahn), desto größer im allgemeinen die Fremdenverkehrserschließung eines Gebietes. Natürliche Seen sowie evtl. auch Talsperren können Hinweise auf Fremdenverkehr sein (Wassersport, Segeln; „Yachthafen" o. ä.). Ausgesprochene Fremdenverkehrsgebiete wie Kur- und Badeorte meist durch Namen zu erkennen („Bad..."). Schriftzusatz über Art der Quelle möglich (Schwefel-, Salz- oder sonstige Mineral- und warme Quellen).

3.10 Verkehr

3.10.1 Vorbemerkung (→II, 4.3.4)

Drei Verkehrsarten (Land, Luft, See) treten unterschiedlich in Karte hervor: teilweise linien-, teilweise punkt- oder flächenhaft. Für alle Verkehrsarten gilt: sowohl Vorwärts- als auch Rückwärtsverbindungen untersuchen: nicht nur Abhängigkeiten von natürlichen, wirtschaftlichen, sozialen und politischen Faktoren, sondern auch Rückwirkungen auf alle diese Gebiete. Schon damit klar, daß neben physiognomischer nicht nur kausale, sondern auch funktionale Betrachtung stehen muß (FOCHLER-HAUKE 1972). Für einzelne Verkehrsarten treten z. B. bereits *Abhängigkeiten* unterschiedlich hervor: so ist Landverkehr besonders naturabhängig: *Leitungszwang* für Verkehrsträger (Straße, Schiene, Kanal) bedingt durch

- Relief (Hochgebirge: Talgassen bevorzugt etc.),
- Untergrund (Fels, Sumpf, Moor),
- Hindernisse (Flüsse, andere Verkehrsträger, Siedlungen, Moor, Bergrutsche etc.).

Darüber aber andere Abhängigkeiten nicht vergessen: Entscheidung über Trassenführung von verschiedensten Interessen beeinflußt, da Verkehr in sozialen und vor allem wirtschaftlichen Bereichen von großem Einfluß. Wachstum der Städte im Zuge des Eisenbahnausbaus z. B. wesentlich von der Linienführung der Bahn abhängig.

Abhängigkeiten durch Einfluß der Technik in zunehmendem Maße weniger bedeutsam geworden. Viele Verkehrswege aber bereits historisch (vgl. Namen „Römerstraße", „Salzstraße" etc.).

Günstige Verkehrslagen: Tal- und Brücken- sowie Pforten- und Paßlagen. Natürliche Verkehrshindernisse werden durch Tunnel-, Brücken- und andere Verkehrsbauten (Haarnadelkurven im Hochgebirge) überwunden. Bei Überwindung von Flüssen oder Seen (Bodensee) Fähren besonders wichtig. Gute Verkehrslage für Entwicklung von

Siedlungen und Wirtschaft von Bedeutung (Handel, Industrie, Fremdenverkehr usw.). Hoch- und Mittelgebirge sowie Flußläufe können deshalb Entwicklung von ganzen Gebieten behindern, wenn sie nicht vom Verkehr erschlossen bzw. überwunden werden können.

Verkehrsträger und -bauten können Landschaft prägen, z. B. Talgassen durchzogen von Straßen und Eisenbahnen, Autobahnkreuzungen (Frankfurt, Karlsruhe, Stuttgart-Süd usw.), große Eisenbahn- und Straßenbrücken etc., ,,Verkehrsknoten". Wichtige Verkehrslandschaften mit Verknüpfungen der verschiedenen Verkehrsträger oft durch Industrie, Handel und Gewerbe mitgenützt. Bei starker Dichte der Verkehrseinrichtungen, auch bei besonders breiten Verkehrsträgern kann Verkehrsleitlinie auch zum Verkehrshindernis werden; breite Bahngeleise können Stadtteile trennen und Ausbau behindern.

Erst Betrachtung aller Verkehrsarten läßt Schlüsse über Erschließung eines Raumes für den Verkehr sowie Beeinflussung durch Verkehr zu. Bei Betrachtung verkehrsgeographischer Fragestellungen auf der Karte *Vorsicht:* Verkehrsdichte und -aufkommen nur indirekt zu erschließen aus Art und Dichte des Straßen- und Eisenbahnnetzes, durch Größe von Schiffs- und Flughäfen, sowie deren Verlauf bzw. Lage.

3.10.2 Straßenverkehr

Legende gibt Auskunft über Straßenbreite und -zustand (Klassifizierung nach Autobahn, Bundes-, Kreis- und Landstraßen verschiedener Ordnungen).

Neuere Karten enthalten durch Farbaufdruck Hinweis auf Verkehrsbedeutung (Orange = Fernverkehr; gelb = Regionalverkehr). Straßen des örtlichen Verkehrs erhalten keinen Farbaufdruck.

Verkehrsfunktionsbereiche

Lokalverkehr: ländliche Gebiete = dörfliches Wegenetz; städtische Siedlungen = Ortsverkehr;

Radialverkehr: Straßennetz radial ausgehend von zentralem Ort in Umgebung (Nahverkehrsbereich, Vorortsverkehr);

Peripherer Verkehr: Verkehrsverbindungen ohne Vermittlung der Zentren. Umgehungsstraßen;

Interzentraler Verkehr: meist Fernverkehr zwischen zentralen Orten (Bundesautobahnen, Bundesstraßen o. ä.).

3.10.3 Eisenbahnverkehr

Mehrgleisige, eingleisige, Neben- und Industriebahnen in großmaßstäblichen Karten unterschieden. Wie Straßenführung, so kann auch Anschluß an Schienenverkehrsnetz wichtig für Entwicklung eines Ortes oder dessen größerer Umgebung sein (Industrie).

Unterscheidung von *Personen-* und *Güterverkehr* (Abb. 42) nach Karte oft nicht möglich, sondern nur zu vermuten; Strecken, die nur Güterverkehr dienen, enthalten Schriftzusatz. Städtische und industrielle Zentren sowie Häfen: Personen und Güter (Massengüterumschlag; Vorortverkehr: Pendler). Kleinere Orte (Kurorte etc.): in erster Linie Personenverkehr, Fremdenverkehr, Personenbahnhöfe meist in Innenstadt; Güter- und Verschiebebahnhöfe häufig randlich (in Industrie- oder Hafennähe).

Natürliche Einschränkungen: Bahnen müssen mehr als Straßen Steigungen vermeiden. Stillgelegte Strecken noch lange danach an künstlichen Dämmen zu erkennen.

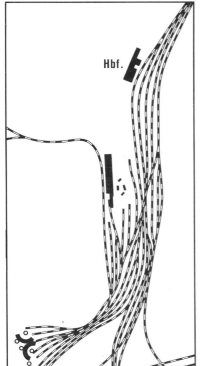

Abb. 42: Personenverkehr und Güterverkehr: Hauptbahnhof Duisburg und benachbarter Güterbahnhof mit unterschiedlicher Ausstattung; L 4506 Duisburg, 1 : 25 000

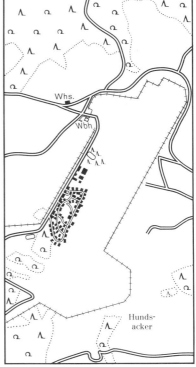

Abb. 43: Eingezäunter Militärflughafen mit Kasernengebäuden in der Eifel: auf der Karte nicht eingezeichnet und nur indirekt zu erschließen; L 5908 Cochem, 1 : 50 000

3.10.4 Luftverkehr

Äußert sich auf Karte nur durch Vorhandensein von *Flugplätzen* und *Großflughäfen* (Flughafengebäude, Start- und Landebahnen). Kleinere Sportflugplätze für eigentlichen Flugverkehr unwesentlich. (Groß-)Flughäfen meist in Großstadtnähe (Köln, Frankfurt, Stuttgart, München u. a.), selten im Stadtzentrum oder eigentlichen Stadtgebiet (Berlin). Großstadtnähe wichtig, da Flughäfen überregionales Einzugsgebiet haben und somit der großstädtischen Nah- und Fernverkehrsanschlüsse bedürfen (Straße, Schienen). Durch wachsende Beförderungsbilanzen und technischen Fortschritt größere Flughafenbauten notwendig. Wegen Fluglärmbelästigung Flughafenneubauten in weniger dicht besiedelten Gegenden (z. B. München). *Militärische Flughäfen* meist nicht verzeichnet: offene weiße Flächen von Flughafenausmaßen ohne jegliche Beschriftung, wohl aber mit Zufahrtsstraßen (Abb. 43).

3.10.5 Schiffahrt

Binnenschiffahrt, die meist zum Landverkehr gerechnet wird, von Seeschiffahrt zu trennen.

Binnenschiffahrt: mit fortschreitender Entwicklung der Industrialisierung billiger Transport von Massengütern (Kohle, Erz, Schrott, Baustoffe, Holz, Getreide). Verbindung der Industriezentren untereinander sowie mit Seehäfen durch Kanäle und begradigte, durch Schleusen und teilweise Kanalisierung ausgebaute Flüsse (Rhein, Weser, etc.). Binnenhäfen für Industrie bedeutend (Duisburg-Ruhrort für Ruhrgebiet). Neben Massengüterfernverkehr auch regionale Personenschiffahrt. Auf Karte meist nicht zu erkennen, aber durch kleinere Anlegestelle in Stadtnähe oder an fremdenverkehrswichtigen Punkten (Schlössern und sonstigen Sehenswürdigkeiten am Fluß) zu vermuten. Flußfähren wichtig für örtlichen Verkehr (z. B. Verbindung von Ortschaften mit Fernverkehrsstraßen am anderen Ufer) sowie für Durchgangsverkehr, wenn Durchgangs- und Fernverkehrsstraßen nicht über Brücken führen. Noch stärkere natürliche Einschränkungen als bei Eisenbahn: Gefälle, Schleusen; Kostenerhöhung. Schiffbarkeitszeichen (Anker) markiert obere Grenze der Schiffbarkeit für 200t-Schiffe.

Seeschiffahrt: sowohl Güter- als auch Personenverkehr. *Karte:* Häfen der Hafenstädte ($\rightarrow$ 3.8.5), die diese Funktion meist schon seit dem Mittelalter haben und in der neueren Zeit gewaltige Erweiterungen erfuhren (Außenhäfen: z. B. Bremerhaven für Bremen, Cuxhaven für Hamburg). Küstenschiffahrt besonders für Personen-(Fremden-)verkehr zu Inseln. Eigentliche Hochseeschiffahrt dagegen von großen Häfen ausgehend.

Kartenhinweise auf Küsten- und Hochseeschiffahrt: Seezeichen wie Buhnen, Baken, Leuchttürme; küstennahe Sendeanlagen (z. B. Norddeichradio), lange Molen, evtl. Feuerschiffe. Sofern auf Karte Isobathen verzeichnet, können auch Hauptschiffahrtswege im küstennahen Gebiet angegeben werden. Wattströme und große Priele von Küstenschiffahrt (Fischerei und Inselverkehr) bevorzugt. Große Eisenbahn- und Autofähren teilweise verzeichnet.

4 Methoden der Darstellung der Interpretationsergebnisse

4.1 Vorbemerkung: Problem der Stoffanordnung

Interpretationsergebnisse sind in einer Form festzuhalten, die sich von derjenigen bei topographischer Karte unterscheidet. Karte chorologisch, Darstellung der Interpretationsergebnisse meist nicht chorologisch, sondern in ein Nacheinander aufgelöst. In allermeisten Fällen geschieht Darstellung der Interpretationsergebnisse in schriftlicher Form eines Aufsatzes, seltener in Form eines nicht schriftlich fixierten mündlichen Vortrags; würde im Prinzip aber keine unterschiedliche Problematik beinhalten. Andere Darstellungsmöglichkeiten dabei meist als Hilfsmittel verwandt (→ 5: Interpretationsskizze, Profil, Blockdiagramm). Schwerpunkt hier: schriftliche Darstellung der Interpretationsergebnisse.

Nachdem durch Analyse wesentlicher Inhalt der Karte in seinen Teilen und seinen Komplexen erkannt wurde, ergibt sich für Synthese Problem der Stoffanordnung. Dem jeweiligen Inhalt der Karte entsprechend kann Anordnung des Stoffes unterschiedlich sein.

Abfolge der Darstellung kann Gang der Erarbeitung widerspiegeln (quasi-erarbeitende D.) oder die gewonnene Materialsammlung umgeschmolzen in neuer Gestalt vortragen (vortragende D., nach BARTEL 1970, vgl. Abb. 44). Wahl der Darstellung von Kartenblatt abhängig machen; vortragende Darstellung gestattet in der Regel ungezwungenere, sinngemäßere Ordnung, verlangt aber auch überlegene Stoffbeherrschung. Mehr dazu (→ 4.4.2).

Zwei Probleme: Unterteilung der Karte (Raumgliederung; → 4.2) und eigentliches Problem der *Stoffanordnung* (→ 4.3), der für die Darstellung zu wählenden Methode. Beide Probleme greifen ineinander, bei Aufgliederung des Kartenblattes in Raumeinheiten kann Methode von Raum zu Raum wechseln.

Abb. 44: Darstellung der Interpretationsergebnisse

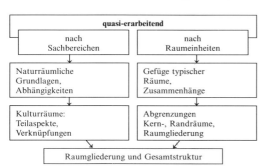
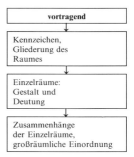

4.2 Aufgliederung des Kartenblattes

Aufgliederung (→ 2.4) in charakteristische Raumeinheiten möglicherweise schon Ergebnis der Analyse. Dennoch ergeben sich zwei unterschiedliche Wege für die Darstellung:

1. Weg: grundsätzlich *räumliche Aufteilung* auch in der Darstellung, dort dann in charakteristischen Räumen Behandlung der Einzelelemente und ihrer Komplexe.

2. Weg: Darstellung nach Einzelphänomenen und ihren Komplexen, dort dann jeweilige Verteilung und Vergleich unterschiedlicher Räume vornehmen und erst abschließend zu einem räumlich gegliederten Überblick kommen.

Beide Wege möglich. Erster Weg im Prinzip deutlicherer Ausdruck der Interpretationsleistung, klareres Bild der Synthese. Zweiter Weg näher der Analyse, bei der man sinnvollerweise zunächst nach Einzelelementen und Komplexen vorgeht (→ 3.1). Darstellungsweise sollte sich nach jeweiligem Kartenblatt richten.

4.2.1 Erster Weg

Als Raumgliederung Teil der Analyse und der Synthese (→ 2.4). Verschiedene Raumeinheiten und Grenzsäume werden durch charakteristische Erscheinungen erkannt und müssen durch sie belegt werden. Außerdem müssen die Beziehungen der Räume untereinander gezeigt werden, deren Niederschlag im Grenzsaum und darüber hinaus im einzelnen nachgewiesen werden. Abschluß bietet eine Wertung mit einer möglichen Hierarchie der Raumeinheiten. Wichtig auf allen Stufen einer solchen Darstellung: für alles müssen einzelne Belege von der Karte her erbracht werden, einzelne Geofaktoren und Geofaktorenkomplexe müssen in ihrer Art, Häufigkeit, Größenordnung und Verbreitung das für eine solche Raumgliederung nötige Beweismaterial erbringen. Ähnliches gilt für andere Möglichkeiten einer solchen Raumgliederung, wie z. B. in eine Unterteilung in Natur-/Kulturraum (→ 2.4.2).

4.2.2 Zweiter Weg

Sieht in der Darstellung keine Gliederung nach Räumen vor, selbst wenn solche Gliederung auf Kartenblatt zu erkennen ist. Vor allem dann anzuwenden, wenn eine solche Gliederung nur schwer vorzunehmen ist. Darstellung richtet sich hier in erster Linie nach den einzelnen Geofaktoren und Geofaktorenkomplexen und erst in zweiter Linie nach ihrer räumlichen Verbreitung und Vergesellschaftung. Jeweils für einzelne Faktoren wird Art, Häufigkeit, Größenordnung und schließlich auch Verbreitung angegeben, wobei Verbreitung durchaus aufgrund räumlicher Strukturen und im Vergleich verschiedener räumlicher Einheiten vorgenommen wird. Gerade im regionalen Vergleich wird Eigenart geographischer Substanz als in erster Linie (nach diesem Weg) interessierendem Objekt besonders deutlich. Bei diesem Weg aber abschließender Überblick über räumliche Gliederung des Kartenblattes notwendig, da ansonsten ein wesentlicher Anspruch geographischer Karteninterpretation verlorenginge: Zusammenwirken der Einzelelemente und Komplexe in räumlichen Einheiten (→ 1.1).

Gliederung schwer vorzunehmen vor allem bei großem *Maßstab:* wenige Raumeinheiten, dafür mehr Einzelelemente abgebildet. Bei kleinem Maßstab dagegen aufgrund der Darstellung zahlreicher räumlicher Einheiten und geringerer Zahl von Einzelelementen erster Weg vorzuziehen.

4.3 Länderkundliche Methoden

Gleich welcher Darstellungsweg in räumlicher Gliederung gewählt wird, bei beiden Wegen Problem der Reihenfolge der Behandlung einzelner Geofaktoren und Geofaktorenkomplexe. Ob Faktoren jeweils für einen Raum abgehandelt werden oder für ganzes Kartenblatt gemeinsam und dabei jeweils gegenübergestellt, hier unwichtig.

Im folgenden *Anregungen zur Darstellungsmethode;* dabei Beschränkung auf einige grundlegende allgemein bekannte länderkundliche Methoden. Denn: hier uraltes Problem, als Darstellungsproblem der systematischen Regionalen Geographie bekannt. Wie sollen möglichst umfassende geographische Darstellungen von bestimmten Räumen aufgebaut sein? Wie wird Nebeneinander in Nacheinander aufgelöst?

Problematik der „Länderkunde" damit hier nicht zur Diskussion gestellt – nur Darstellungsproblematik der Karteninterpretation, die sich der Ergebnisse jahrzehntelanger Diskussion um länderkundliche Methodik bedient.

4.3.1 „Länderkundliches Schema"

Einfachste und bekannteste Möglichkeit der Anordnung des Stoffes. Vor allem für Analyse geeignet (→3.1).

Geofaktoren werden in konstanter Reihenfolge abgehandelt: Gesteinsuntergrund, Oberflächenformen, Böden, Gewässer, Klima, Vegetation, Bevölkerung, Siedlung, Wirtschaft, Verkehr; Variationen nur begrenzt möglich; auf anorganische folgen biotische und menschliche Geofaktoren.

Vorteile:

– vollständige Erfassung aller Faktoren, Gefahr des Übersehens einzelner Faktoren gering;
– entspricht stufenweiser Integration, sinnvoll von organischen über biotische zu menschlichen Seinsbereichen fortschreitend.

Nachteile:

– Uniformität, jeder Raum gleich behandelt, Individualität fehlt;
– Problemlosigkeit: Probleme ersticken in starrer Reihenfolge abzuhandelnder Daten und Fakten.

Brauchbarkeit für Karteninterpretation: Obwohl aus Gründen der einfacheren und problemloseren(!) Darstellung häufig gewählt, im allgemeinen für Synthese abzulehnen. Meist bessere Methoden verfügbar, nur in seltensten Fällen länderkundliches Schema sinnvoll. Gut allerdings als Leitfaden für Analyse der Karte.

4.3.2 „Dynamische Länderkunde"

(SPETHMANN) wahrscheinlich von herkömmlichen Methoden günstigste, da sowohl leicht zu handhaben als auch überzeugender als Länderkundliches Schema.

Dynamische Kräfte (z. B. technische K., finanzielle K., K. der Bodenschätze, K. der Persönlichkeit, politische K., religiöse K., klimatische K. etc.) werden in wechselnder Reihenfolge behandelt; stets für jeden Raum neu zu entscheiden. So beginnt Darstellung stadtgeographisch geprägten Raumes nicht mit geologischem Untergrund, Oberflächenformen und Böden, sondern evtl. mit Wirtschaft, deren Grundlagen und Folgen, Ansiedelung des Menschen, Einflüsse und Veränderung der natürlichen Grundlagen etc.

Vorteile:

– Individualität und Typisches sofort augenfällig;
– Aktualität, interessanter zu lesen;
– Probleme können besser untergebracht werden als in Länderkundlichem Schema.

Nachteile:

– fördert Subjektivität der Darstellung;
– Individualität eines Landes, einer landschaftlichen Einheit nicht allein aus Kartenbild ableitbar.

Brauchbarkeit für Karteninterpretation: In der Regel gut. Ermöglicht gute Charakterisierung und Vergleiche einzelner Räume eines Kartenblattes. In meisten Fällen Länderkundlichem Schema trotz genannter Nachteile vorzuziehen. Problembewußtere Darstellung.

4.3.3 „Formenwandel"

„Formenwandel" (LAUTENSACH) ist Geofaktorenwandel im Raum nach vier Richtungstypen, entsprechend den vier hauptsächlichen Lagetypen. Mit der Lage im Raum ändern sich Geofaktoren.

Planetarischer Formenwandel: Veränderung in N-S Richtung. Führt zu mehr oder weniger breitengradparallelen Landschaftsgürteln.
West-Östlicher Formenwandel: bildet ungefähr meridionale Streifen.
Peripher-zentraler Formenwandel: Veränderung vom Zentrum zu Randgebieten, kann in Thünenschen Ringen beobachtet werden.
Hypsometrischer Formenwandel: Veränderung der Lage in der Vertikalen. Höhenstufung als Ergebnis.

Vorteile:

– durch Wandel wird geographisches Mittel des Vergleichs betont;
– für Karten mit stark unterschiedlich ausgeprägtem Formenschatz brauchbares methodisches Konzept.

Nachteile:

- in erster Linie klimabezogener Wandel, noch möglich z. B. in Klimageomorphologie. Diese Themen in Karteninterpretation aber durch Aussagewert der Karte von untergeordneter Bedeutung;
- Topographische Karten zeigen zu kleinen Ausschnitt aus Erdoberfläche: Wandel meist großräumiger. Möglichkeiten aber im Hochgebirge (hypsometrischer Wandel) und im peripher-zentralen Wandel einer Stadt und ihrem Umland;
- Formenwandel für jeweils einzelne Elemente gedacht. Ergibt noch keine Lösung des hier anstehenden Problems, welche Reihenfolge der Behandlung gewählt werden soll.

Brauchbarkeit für Karteninterpretation: Gibt keine Lösung der Frage, wie Stoff im einzelnen angeordnet werden soll; ist im wesentlichen nur als hypsometrischer und peripher-zentraler Formenwandel zu gebrauchen und für klimageographische Fragen. Somit für einzelne Probleme der Darstellung durchaus hilfreich. In Verbindung mit anderen Methoden zu gebrauchen, z. B. durch Darstellung des Wandels einzelner Elemente. Hilfe für Darstellung bei einzelnen Elementen, nicht Hilfe für Anordnung und Reihenfolge der Darstellung von Elementen.

4.3.4 Andere Methoden

Zahlreich; keine Grenzen für eigene Methodenfindung gesetzt.

Anregungen: Gliederung kann ausgehen von hinter den sichtbaren Erscheinungen wirkenden *Kräften*, z. B. im Sinne einer sozialgeographischen Kräftelehre. Siedlungsgeographisch interessante Karten könnten so nach den Grunddaseinsfunktionen der menschlichen Gruppen gegliedert werden, nach den diesen Funktionen entsprechenden Strukturen und der diese Strukturen ausmachenden geographischen Substanz. Grunddaseinsfunktionen z. B. wohnen, arbeiten, sich versorgen, sich erholen etc. Jede Funktion manifestiert in geographischer Substanz und mit gewissem Raumanspruch. Das Ganze in räumlichen Strukturen angeordnet. Dann kontinuierlichen Prozeß erkennen, indem Substanz und Struktur z. T. durch nicht mehr relevante, historisch aber bedeutsame Funktionen vorgeformt ist und in Relikten Genese der Landschaft erkennen läßt. Somit eine eher „dynamische" Betrachtungsweise, in der geographischen Substanz und ihre Anordnung durch bestimmte Kräfte in bestimmten räumlichen Strukturen wesentliche Faktoren sind und die an historischer Tiefe durch Genese der Landschaft gewinnt. Anstelle von Grunddaseinsfunktionen können andere das Landschaftsbild prägende Funktionen treten bei gleichem *Schema: Funktion über Substanz zu Struktur, vertieft durch Genese.*

Problem solcher Darstellung immer wieder: gegenüber „Länderkundlichem Schema", in dem alles dargestellt ist und in dem auch für alles ein fester Platz vorhanden ist, wächst in meisten anderen Darstellungsmethoden Gefahr ständiger Wiederholung oder aber des Auslassens durchaus wichtiger Informationen, die nicht in den Rahmen passen.

Sinnvolle Darstellung auch: nach Aufteilung einer Raumeinheit in die hervorragenden *Formengruppen* deren Zusammensetzung aus einzelnen Elementen beschreiben und erklären und schließlich die einzelnen Elemente, die nicht zu größeren Formengruppen integriert sind, sowie Singularitäten aufführen (→ 2.3.4). Damit vor allem Vorteil gegenüber den mehr aufzählenden Wegen z. B. eines länderkundlichen Schemas, das sinnvolle Zusammenwirken der einzelnen Geofaktoren zu Geofaktorenkomplexen und die daraus resultierende Aufteilung nach räumlichen Einheiten darzustellen. Mehr enumerative Wege bleiben oft bei einer Beschreibung aller vorhandenen Geofaktoren stehen, ohne daß der eigentlich geographische Anspruch, nämlich das räumliche Zusammenwirken der Kräfte, die Integration der Geofaktoren zu räumlichen Systemen, klar wird. Dieses Problem bei allen Darstellungsweisen bedenken.

Für jede Karte und für jeden Teilraum einer Karte Entscheidung über zu wählende Methode neu zu fällen. Daher auch beim Problem der Raumaufteilung (→ 4.2) der zweite Weg (→ 4.2.2) mit mehr Möglichkeiten ausgestattet: bei Weg (1) ist für verschiedene Räume Anwendung jeweils diesen Räumen entsprechender Methode möglich, jeder Raum kann in Anordnung des Stoffes anders behandelt werden. Bei Weg (2) soll für das gesamte Kartenblatt der gleiche Weg gegangen werden, durchgängige Stoffanordnung. Somit fällt schon von Darstellung her Verschiedenartigkeit einzelner Raumeinheiten der Karte nicht klar genug auf. Muß durch vielfältige Verweise im Text nachgeholt werden oder steht erst am Ende der Interpretation und spiegelt dann eigentlich mehr den Weg der Erkenntnis wider, ist aber sehr wahrscheinlich in der Darstellung dem gestellten Problem nicht gerecht geworden. Wahl der Darstellungsmethode ist Teil der Interpretation, spiegelt bereits wesentliche Erkenntnisse der Interpretation wider.

4.4 Vorschläge zur Gliederung einer schriftlichen geographischen Karteninterpretation

Aufteilung der schriftlichen Karteninterpretation in fünf Teile (4.4.1), von denen die ersten drei und der letzte zum festen Bestand gehören, der vierte die eigentliche Interpretation ist und somit in unterschiedlichen Möglichkeiten dargestellt wird (4.4.2).

4.4.1 Hauptpunkte der Interpretation

Es ergeben sich folgende fünf Hauptpunkte der Karteninterpretation:

1. Zum Informationswert der vorliegenden Karte
2. Methodische Bemerkungen
3. Prinzipien der räumlichen Gliederung des Kartenblattes
4. Hauptteil (→ 4.4.2)
5. Resumée, Probleme und Prognosen

„Zum Informationswert der vorliegenden Karte" soll kritische Auseinandersetzung mit der Karte und ihrem Informationswert für Karteninterpretation sein. Vorzüge und Nachteile, abwägendes Gesamturteil. Kriterien dafür mehrfach genannt (→ 1.2, → 2.1.2, → 2.2). Gesamturteil durch Vergleich mit anderen bekannten Kartenwerken zu gewinnen. *Umfang:* etwa $1/2$ Seite.

„Methodische Bemerkungen" notwendig bei jeder wissenschaftlichen Arbeit. Angaben über gewählte Darstellungsmethode (→ 4.3) und Gründe dafür. Damit bereits Teil der Interpretation, da Darstellungsmethode aus Interpretation zu begründen ist. Notfalls Begründung, warum für verschiedene Räume unterschiedliche Darstellungsmethoden gewählt. Mit methodischen Bemerkungen wird Leser in Problematik eingeführt. Hilfe für den Leser, damit er an jeder Stelle der Interpretation Überblick wahren kann und Stellenwert der einzelnen Bemerkungen im Gesamtzusammenhang kennt. *Umfang:* je nach Problematik $1/2$–1 Seite.

„Prinzipien der räumlichen Gliederung" nach 4.2 angeben. Wird Kartenblatt untergliedert oder nicht, welche Gründe sprechen dafür? Kurze Charakterisierung der einzelnen Räume, um sie gegeneinander vorzustellen und abzugrenzen: Kernräume, Grenzsäume, Beziehungen der Räume untereinander. Als Einleitung kann kurze Einordnung des Kartenausschnittes dienen: wo liegt Ausschnitt, welche Randgebiete werden angeschnitten? *Umfang:* je nach Problematik $1/2$–1 Seite.

„Resumée" besteht aus kurzer Zusammenfassung der wichtigsten Interpretationsergebnisse; aus Wertungen der Ergebnisse, der Räume als z. B. strukturschwacher Räume, der möglichen Nutzung eines Potentials etc. Probleme und Prognosen angeben. Hier auch evtl. von strenger Bindung an tatsächlich Nachzuweisendes abgehen, Wertung beinhaltet manchmal subjektive Einschätzung der durch Interpretation ge-

wonnenen Ergebnisse. Einzige Stelle der Karteninterpretation, an der von Information der Karte weggehend Prognosen gewagt werden können, somit Nicht-Dargestelltes (Zukunft) interpretiert wird. *Umfang:* etwa 1 Seite.

4.4.2 Hauptteil

Darstellung der Interpretationsergebnisse nach jeweils gewählter Raumgliederung und Methode. Durch zwei verschiedene Wege der Raumgliederung zwei grundsätzliche Gliederungsmöglichkeiten (→ 4.2). Innerhalb dieser Möglichkeiten Vielzahl verschiedener Methoden (→ 4.3) möglich, je nach Karte bzw. betrachtetem Teilraum.

Räumliche Aufteilung (→ 4.2.1)	*Darstellung nach Einzelphänomenen* (→ 4.2.2)
Raum A (Methode a) Raum B (Methode b) Raum C (Methode c) .... Grenzsäume (Methode a, b, c, ...)	Gesamtes Kartenblatt (Methode x)
	Formengruppen Räumliche Gliederung mit Grenzsäumen
Beziehungen zwischen den Räumen Hierarchie	Beziehungen zwischen den Räumen Hierarchie

Die unterschiedlichen Wege werden nach 4.2.1 und 4.2.2 beschritten. In allen Fällen sollte an irgendeiner Stelle eine räumliche Gliederung des Kartenblattes zum Ausdruck kommen, damit einzelne Faktoren, gleich nach welcher Methode dargestellt, nicht isoliert stehen bleiben. Daher auch möglicherweise nach Einzelelementdarstellung Zusammenfassung zu Formengruppen. Zur räumlichen Gliederung gehört auch Darstellung der Grenzsäume. Beziehungen zwischen den Räumen, Abwägen der Räume gegeneinander, möglicherweise räumliche Hierarchie darstellen.

Einzelne Methoden lassen sich nicht in gleicher Weise schematisch darstellen. Möglichkeiten in 4.3 aufgezeigt; weitere Möglichkeiten nach Kartenblatt und Kartenausschnitt frei wählen.

5 Hilfsmittel bei der Darstellung der Interpretationsergebnisse
5.1 Einführung

Grundproblem der Karteninterpretation: Umwandlung der Karte durch Analyse und Interpretation in neues Medium. Nachteil gegenüber der Karte liegt in der chronologischen Folge anstelle des chorologischen Nebeneinanders. Dabei Karte bereits Vereinfachung der dreidimensionalen Wirklichkeit. Weitgehende „dimensionale" Vereinfachung bei Interpretation in schriftlicher Form nicht zu lösen. Es bieten sich aber verschiedene Lösungen an, die zumindest ähnliche Dimensionalität wie Karte haben: thematische *Interpretationsskizzen* und -karten; ähnlich wie topographische Karte vor allem flächig, Höhendimensionen stark vernachlässigt. Wird durch weiteres Hilfsmittel ergänzt: *Profil* gibt Höhenverhältnisse anschaulich wieder. Vereinigung dieser Möglichkeiten ist *Blockdiagramm* mit plastisch-mehrdimensionaler Anschaulichkeit, wenn auch nur auf flächiger Grundlage.

Schriftliche Darstellung der Interpretationsergebnisse zeigt Vorteile gegenüber Karte (BOGOMOLOV 1955); denn deren Aussagekraft beschränkt: Auswahl der Signaturen geringer als Wörter der Sprache; Karte stellt Gattungen und nicht Individuen dar. Weitere Probleme: Begrenzter Raum, Anschaulichkeit, Lesbarkeit und Zahl der Signaturen. Kartographische Darstellung geographischer Erscheinungen hat ihre Grenzen. Aus allen Gründen Vorrangigkeit des Textes bei Darstellung der Interpretationsergebnisse.

Einige Vorteile der schriftlichen Darstellung (BOGOMOLOV 1955) können in andere Hilfsmittel der Darstellung übernommen und dort mit deren Vorteilen verbunden werden. Darstellung komplexer Erscheinungen von topographischen Karten meist nur durch Interpretation zu erhalten. Komplexe Erscheinungen auf Karten darzustellen durch Kombination der Signaturen oder neue „synthetische" Signatur. Synthetische Signaturen auf topographischen Karten selten, können aber bei Hilfsmitteln wie Interpretationsskizze verwandt werden. Ebenso Darstellung der Entwicklung von Erscheinungen selten auf topographischen Karten, im Text gut möglich, ebenso in Interpretationsskizze, z. B. durch dynamische Signaturen (Pfeile) oder Einfügung von Diagrammen. Darstellung ursächlicher Zusammenhänge in Text und z. B. Kausalprofil möglich, von topographischer Karte nur durch Interpretation zu gewinnen.

5.2 Handskizze

Einfachstes Hilfsmittel ist grob vereinfachte Handskizze. Gegenüber zu interpretierender topographischer Karte stark verkleinert, wird in Text aufgenommen. Format variabel, aber etwa Hilfskärtchen in der Legende der topographischen Karte entsprechend. Für Handskizze nur relative Lagegenauigkeit notwendig. Dient dem visuell schnellen Erfassen dessen, wofür im Text viele Worte notwendig wären. *Anwendungsmöglichkeiten* vor allem für:

– *Grobgliederung des Kartenblattes* in verschiedene räumliche Einheiten, z. B. auch einer naturräumlichen Gliederung. Im allg. nur Darstellung relativ hochrangiger

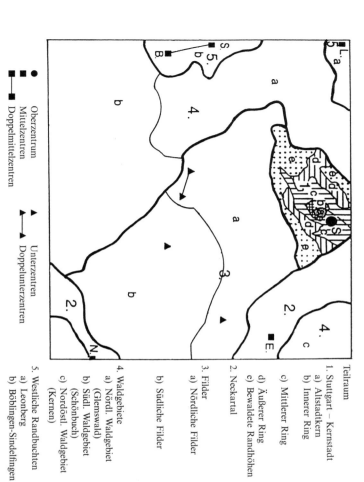

Teilraum	Funktionen
1. Stuttgart – Kernstadt	
a) Altstadtkern	City: höhere Dienstleistungen Geschäfte, Wohn- und Gewerbefunktion
b) Innerer Ring	Vorw. Wohn- und Gewerbefunktion
c) Mittlerer Ring	Vorw. Wohnfunktion Naherholung
d) Äußerer Ring	
e) Bewaldete Randhöhen	
2. Neckartal	Verkehr, Industrie, Intensivkulturen, Wohnfunktion
3. Filder	
a) Nördliche Filder	Wohnfunktion (starke Verdichtung) Landwirtschaft, Gewerbe
b) Südliche Filder	Wohnfunktion (geringere Verdichtung) Landwirtschaft, Gewerbe
4. Waldgebiete	
a) Nördl. Waldgebiet (Glemswald)	Nah- (Wochenend-)erholung, Forstwirtschaft
b) Südl. Waldgebiet (Schönbuch)	Wohnfunktion, Landwirtschaft, Gewerbe, Erholung
c) Nordöstl. Waldgebiet (Kernen)	Naherholung
5. Westliche Randbuchten	
a) Leonberg	Dienstleistungen, Industrie, Wohnfunktion
b) Böblingen-Sindelfingen	

- ● Oberzentrum
- ■■ Mittelzentren
- ■—■ Doppelmittelzentren
- ▲ Unterzentren
- ▲—▲ Doppelunterzentren

Abb. 45: Handskizze zur funktionalen Gliederung des Raumes Stuttgart-Süd nach Blatt L 7320. (Vereinfacht nach SICK 1982)

räumlicher Einheiten und Komplexe. Beilage etwa zu Gliederungspunkt (3) (→ 4.4.1);
– *Darstellung der Verbreitungsareale* einzelner Geofaktoren oder Geofaktorenkomplexe auf Ausschnitt der topographischen Karte. Kann daher an verschiedenen Punkten innerhalb der Darstellung eingesetzt werden, je nach darzustellenden Faktoren oder Komplexen.

Im allg. genügt einfarbige Ausführung, von Hand gezeichnet. *Vorteil:* rasche Anfertigung.

5.3 Profil

Profile besonders geeignet, auf Karte nicht sofort erkenntliche Höhenunterschiede und Geländegestaltung längs bestimmter Linien anschaulich darzustellen. Oft genügen schon einzelne Profile, um bestimmten Sachverhalt zu illustrieren. Günstig aber auch, mehrere Profile hintereinander anzulegen. Geographisches Mittel des Vergleichs hier sinnvoll, läßt Eigenheiten und Unterschiede klar hervortreten. *Beachten:* Vergleiche nur bei gleichem Maßstab und gleicher Überhöhung möglich.

Gestreckte Profile, d. h. Schnitte lotrechter Ebenen mit Geländeoberfläche, von *gebrochenen,* d. h. seitwärts geknickten oder gekrümmten Profilen, wie z. B. Längsprofilen von Flußläufen oder Straßen usw., zu unterscheiden (IMHOF 1958). Auf Bedeutung von Quer- (= gestreckten) und Längsprofilen bei Analyse und Interpretation von Talformen bereits hingewiesen (→ 3.2.2).

5.3.1 Querprofil

Bei Anlage von Querprofilen (FREBOLD 1951) Richtung der Schnittlinie oder *Profillinie* genau bedenken. Sofern nicht besondere Forderungen zu erfüllen sind, Profillinien stets quer, möglichst rechtwinklig zur Richtung der Berge oder Täler legen, die man im Schnitt darstellen will.

Profil durch Schichtstufenlandschaft z. B. möglichst mit Schichtfallen legen: sowohl Stufe, die senkrecht geschnitten wird, als auch Landterrasse so anschaulich verdeutlicht.

Talquerprofile senkrecht zum Längsverlauf des Tales bzw. seines Flusses legen (Abb. 7–10, S. 46).

Parallel zur geraden Profillinie AB *Grundlinie* des Profils A'B' legen, als Abszisse eines rechtwinkligen Koordinatensystems, dessen Ordinate Höhenabstände übernimmt. Höhenabstände des Profils = Isohypsenäquidistanz.

Maßeinheit der Ordinate (Höhenabstände) richtet sich nach:
– Äquidistanz der Isohypsen auf der Karte (der Legende entnehmen),
– Maßstab der Karte (ebenfalls aus Legende),
– Überhöhung des Profils (jeweils zu wählen).

Als *Überhöhung* wird Multiplikator bezeichnet, um den Maßstab der Vertikalen größer ist als der der Horizontalen.

Beispiele bei Kartenmaßstab 1:25000 (1:50000/1:100000):

- *keine Überhöhung:* 1 km = 4 cm (2 cm/1 cm) bzw. 1 mm des Profils/der Karte = 25 m (50 m/ 100 m);
- *2½fache Überhöhung:* 1 km = 10 cm (5 cm/2,5 cm) bzw. 1 mm des Profils/der Karte = 10 m (20 m/40 m);
- *5fache Überhöhung:* 1 km = 20 cm (10 cm/5 cm) bzw. 1 mm des Profils/der Karte = 5 m (10 m/20 m).

Überhöhung notwendig bei geringen Unterschieden im Relief, die im Profil nicht deutlich genug herauskommen. Im allg. $2^1/_2$fache Überhöhung günstigste Wahl, stärkere Überhöhungen können zu starke Verzerrungen bringen. Überhöhung abhängig vom Relief. Parallelen zu Abszisse A'B' im jeweiligen Höhenabstand (Ordinate) einzeichnen. Lot fällen vom Schnittpunkt Profillinie AB/Höhenlinien der Karte ins darunter stehende Profil auf jeweils entsprechenden Höhenabstand des Profils. Neue Schnittpunkte miteinander verbinden.

Abb. 46: Profilkonstruktion nach IMHOF (1968)

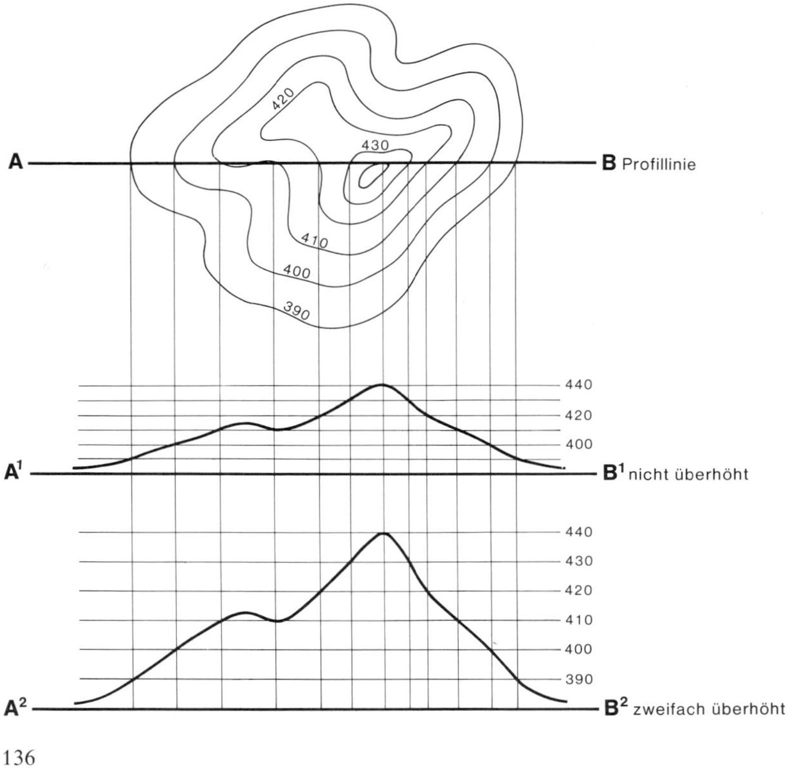

Übertragung der Schnittpunkte der Profillinie AB mit Höhenlinien der Karte verschieden möglich:
- Lot einzeichnen (→ oben),
- Isohypsenabstand mit Zirkel übertragen – am einfachsten mit Papierstreifen, dessen geraden Rand man direkt neben Profillinie AB legt. Schnittpunkt auf Papierstreifen übertragen, zusammen mit Höhenangaben. Papierstreifen dann auf A'B' legen, Werte übertragen. Besonders günstig, da Profil somit nicht direkt unter Profillinie liegen muß (Lot).

Verbindungslinien zweier Schnittpunkte im Profil sind gerade, Hang erhält dadurch in seiner Gesamtheit Knicke, die höchsten Stellen der Berge sind sogar ganz eben. Profil läßt somit die rundlichen, weichen Formen der Hänge und Kuppen missen, die Wirklichkeit zeigt. *Lösung:* Höhenlinien vermehren oder Kuppen der Berge und Sohlen von Tälern abrunden, wobei man die meist angegebene Höhe des Berges oder der Talaue berücksichtigt.

5.3.2 Längsprofil

Längsprofile werden von Tälern, Straßen oder anderen ungeradlinigen Streckenverläufen angefertigt. *Nachteil:* Profillinie muß in annähernd geradlinige Einzelabschnitte aufgeteilt werden, gebrochenes Profil wird gestreckt.

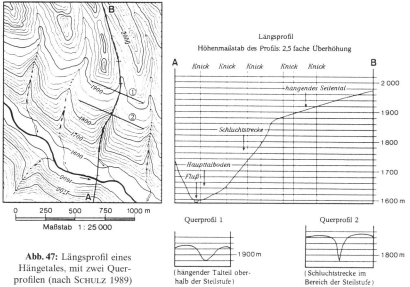

Abb. 47: Längsprofil eines Hängetales, mit zwei Querprofilen (nach SCHULZ 1989)

Technik des Profilzeichnens wie oben (→ 5.3.1), Übertragung der Schnittpunkte der Profillinie (= Bach, Straße etc.) mit Isohypsen der Karte wegen gewundenen Verlaufs der Profillinie am besten mit Zirkel auf geradlinige Profil-Basis (Abszisse). Von da aus senkrecht Linien zu entsprechenden Höhenabständen, Schnittpunkte miteinander verbinden, usw.

Schwierigkeit selbst dabei noch, da oben genannte annähernd geradlinige Einzelabschnitte nicht identisch mit Strecken der Profillinie (Bach, Straße etc.) zwischen zwei Isohypsenschnittpunkten. Somit notfalls zunächst diese Strecken der Profillinie in annähernd geradlinige Einzelabschnitte unterteilen, aneinanderfügen zur geradlinigen Gesamtstrecke zwischen den Schnittpunkten der Profillinie mit zwei Isohypsen. Diese Strecke dann ins Profil übertragen.

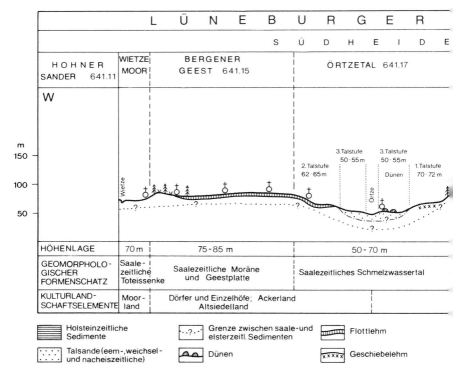

Naturräume nach Karte 1:1 Mio: „Naturräumliche Gliederung und Waldverbreitung" (aus Hdb. Naturräumliche Gliederung Deutschlands 1953–1962) und naturräumliche Gliederung 1:200000 Blatt 73 Celle, Bad-Godesberg 1960 und Blatt 74 Salzwedel, Bad Godesberg 1970.

5.3.3 Kausalprofil (synoptisches Diagramm mit Profil)

Geographisches Kausalprofil (WILHELMY/HÜTTERMANN/SCHRÖDER 1990, 26) „bezweckt Darstellung des Zusammenhangs von Boden, Oberflächengestaltung, Klima, Vegetation, Wirtschaft, Besiedlung, Verkehr usw. Übliches Profil wird durch Eintragung physischgeographischer und anthropogeographischer Erscheinungen ergänzt, so daß durch Zusammenschau aller Einzeltatsachen" deren Vorwärts- und

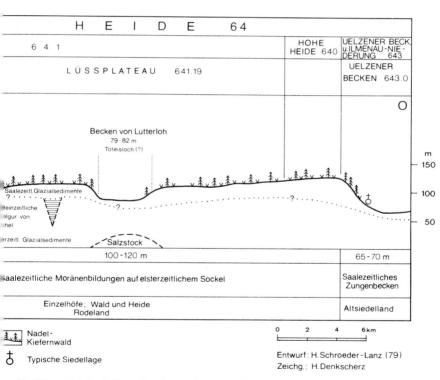

Abb. 48: Synoptisches Diagramm/Kausalprofil als Naturräumliches Gefügeprofil zu Blatt L 3126 Munster (nach SCHROEDER-LANZ)

Die Höhenzahlen des Gefügeprofils gelten nur für die Oberflächenformen. Nicht für die Mächtigkeit der angegebenen Gesteinsformationen; Nach geologischer Übersichtskarte 1:200 000 Blatt CC 3126 Hamburg-Ost (Hannover 1974) und CC 3918 Hannover (Hannover 1972).

Rückwärtsbindungen, Vergesellschaftung zu Komplexen etc. deutlich werden. Eintragungen erfolgen z. T. auf dem Profil selbst (meist Namen, Vegetation etc.) und vor allem auf darunter gezeichneter Tabelle. Tabelle in senkrechte Kolumnen aufgeteilt, die für Raumeinheiten im jeweilig dazugehörigen Profilabschnitt stehen, und in waagrechte Zeilen, die für jeweils relevante Einzelelemente stehen. In so entstandenen Kästchen werden für jede Raumeinheit die unterschiedlichen Geofaktoren angegeben.

Beispiele bei SCHRÖDER (1985, 136), WILHELMY/HÜTTERMANN/SCHRÖDER (1990, 27), HERTIG (1950, 144).

„*Gefügeprofile*" der Neuauflage der „Geographisch-landeskundlichen Erläuterungen zur TK 50" nach SCHROEDER-LANZ gehen z. T. über karteninmanente Interpretation hinaus, da weitere Informationen einfließen. Dennoch anschauliche und didaktisch wertvolle Beispiele für mögliche Hilfsmittel zur Darstellung der Interpretationsergebnisse. *Gefügeprofile werden in folgenden Schritten erstellt*: Nach erster Durchmusterung des Kartenausschnittes Wahl des Gefügeprofil-Streifens, Wahl der Überhöhung, Zeichnung der morphologischen Profillinie, Deutung der geologischen Verhältnisse, Abgrenzung der Gefügeeinheiten (Physiotope) durch zunächst gepunktete Linien, ihre Benennung (meist nach niedrigen zentralen Orten) und hierarchische Bewertung, dann erst Zuhilfenahme weiterer Quellen. *Tabelle unter Gefügeprofil* könnte detaillierter erfolgen. In ähnlicher Weise sind kulturräumliche Gefügeprofile vorstellbar (SCHROEDER-LANZ 1979).

5.4 Interpretationsskizze

Übertragung von Einzelelementen und Komplexen und ihrer Verbreitung auf durchsichtiges *Deckblatt* als Interpretationsskizze sinnvoll zur Veranschaulichung der Eigenheiten und Unterschiedlichkeiten der Raumeinheiten und der sie ausmachenden Elemente und Komplexe in ihren Verbreitungsarealen. Interpretationsskizzen sind stark vereinfachte Darstellungen mit Auswahl des aus Karte gewonnenen Informationsmaterials. Abbildung in Form thematischer Karten (→ **II, 2**) sowohl primäre als auch sekundärer Informationen der Karte (→ 1.2.2).

Im Vordergrund stehen typische Elemente und Komplexe und ihre Anordnung zu Raumeinheiten. Gegenüber topographischen Karten Gewinn dadurch, daß Auswahl getroffen wird (übersichtlicher, leichter zu lesen) und vor allem durch Interpretationsleistung, die Darstellung von sekundären Informationen ermöglicht. Durch Analyse und Interpretation gewonnene Elemente, Komplexe und ihre Beziehungen untereinander können abgebildet werden. Daneben erleichtert Interpretationsskizze Orientierung und Lokalisierung bestimmter Erscheinungen, wofür im Text größerer Aufwand notwendig wäre. Auswahl der abzubildenden thematischen Aussagen wichtig; ist bereits Wertung dessen, was für Interpretation relevant ist, eigene Interpretationsleistung. Beispiel: Abb. 49 (Erläuterungen bei HÜTTERMANN 1978).

Oberstes Prinzip der Interpretationsskizze: einfaches Nachzeichnen der Erscheinungen der topographischen Karte überflüssig, kann dort eingesehen werden.

Beispiele: Als „Kar" erkannte Isohypsenscharung etc. nicht so übernehmen, sondern durch spezielle Signatur „Kar" ungefähr lagegetreu einzeichnen. – Nachzeichnen von Flüssen und Bächen auf gesamtem Kartenblatt meist sinnlos. Wird erst dann sinnvoll, wenn damit bestimmte Aussage verbunden ist, z. B. Aufzeigen unterschiedlicher Gewässerdichte in verschiedenen Raumeinheiten.

Weitere Grundsätze (GROSSE 1969): Kartenzeichen müssen klar und unmißverständlich, Farben deutlich zu unterscheiden sein. Gleiches, Ähnliches auch in Form und Farbe gleich, ähnlich kennzeichnen. Unterschiedliches auch in Form und Farbe differenzieren. Zusammenhänge, Sachgruppierungen auch kartographisch in Signaturen- und Farbgruppierungen darstellen (→**II, 2.3**).

Mengen-, Wert- und Zeitunterschiede (z. B. Aussagen zur Genese) durch entsprechende Abstufungen der Signaturen und Farben verdeutlichen. Für Farben gibt es natürliche Abfolge im Sinne des Spektrums; auch Raster in Stufen für Wertigkeit oder Intensität.

Signaturen müssen in übersichtlicher Legende klar gegliedert und leicht verständlich erläutert werden unter Bezug auf Interpretationstext. Tragfähigkeit des Kartenentwurfs bedenken; Skizze darf nicht zu voll sein (unübersichtlich).

Bloßes Neben- und Übereinanderzeichnen der Einzelerscheinungen auf Deckblatt (= Interpretationsskizze), einfache *graphische Addition* der Elemente, führt zu meist stark überlasteter „komplexer" Karte (WILHELMY 1972, III 8), nicht zur Synthese im Sinne einer Interpretationsleistung, nämlich sinnvollem Zusammensetzen der bei der Analyse auseinandergepflückten Informationen unter geographischer Systembildung (→ 1.1.2). Neue, *synthetische Signaturen* bringen Zusammenschau von Einzeltatsachen und Erkenntnissen unter Berücksichtigung ihrer ursächlichen Beziehungen und gegenseitigen Verflechtungen zum Ausdruck (ARNBERGER 1966). Einzelelemente, die den vorgenommenen Sachkorrelationen zugrunde liegen, sind synthetischer Aussage nicht mehr zu entnehmen. Synthetische Darstellung eignet sich weniger zur Darstellung ganzer Raumeinheiten in Interpretationsskizze. Raumeinheiten sollten auf Interpretationsskizze in ihrer charakteristischen Ausstattung mit Elementen, Beziehungen und Komplexen erkennbar sein. Einzelne komplexe Aussagen dagegen können synthetisch dargestellt werden. Entlastet ansonsten durch einfache Addition von Einzelerscheinungen überfüllte „komplexe" Karte (WILHELMY, HÜTTERMANN, SCHRÖDER 1990, 202).

Anfertigung der Interpretationsskizze durch Auflegen transparenten Papiers auf Kartenausschnitt. Mit leicht wieder lösbarem Klebeband (z. B. Tesakrepp) befestigen, damit Auflage und Unterlage nicht gegeneinander verrutschen. Kartenausschnitt kräftig umrahmen, Maßstab und Blattbezeichnung eintragen. Platz auf Transparentpapier für Legende lassen! Zum Zeichnen am besten Filzstifte nehmen, die sich in Farbe und Stärke unterscheiden. Stärke etwa 2–5 mm, nicht weniger; möglichst kräftige Farben, die sich voneinander gut abheben und zueinander farblich passen.

Darstellungsmittel sind Positionssignaturen, Linien- und Bewegungssignaturen und Flächensignaturen (GROSSE 1969). Kartographische Zeichen wechseln Bedeutung mit jeder anzufertigenden Skizze, Bedeutung ist jeweiligen Bedürfnissen anzupassen. Dennoch sollten gewisse eingebürgerte Signaturen stets ähnlich verwandt werden. Eingebürgerte Signaturensprache vor allem im Bereich der physischen Geographie. Komplexer Struktur anthropogeographischer Erscheinungen wird allzu starres System nicht gerecht. Dennoch auch hier für zusammengesetzte Symbole immer wieder ähnliche Komponenten nehmen, erleichtern rasches Lesen. Schrift sollte nur in begrenztem Maße eingesetzt werden (ausführlich →**II, 2.3**).

Positionssignaturen vorwiegend als abstrakte und figürliche Zeichen. Hier vor allem geometrische Kleinfiguren verwenden: Quadrate, Dreiecke, Rechtecke, Kreisscheiben usw.

Linien- und Bewegungssignaturen zur Darstellung von Verbindungs- oder Begrenzungslinien, von Gefälls- und Stromlinien, zur Andeutung von Bewegungen etc.: Linien, Bänder, Pfeile.

Flächensignaturen zur Darstellung flächenhafter Erscheinungen, zur Andeutung räumlicher Differenzierungen, von Wert- und Intensitätsveränderungen: Flächenraster, gestufte Farbflächen etc., Flächendarstellung (MEYNEN 1954) kann durch Vollfarbe (meist ungünstiger: andere Signaturen können kaum noch eingezeichnet werden) oder Raster geschehen. *Raster* kann durch Linien in paralleler, in sich überschneidender und in sich rechtwinklig kreuzender Führung dargestellt werden oder durch Punkte in bestimmter Anordnung (umständlicher, arbeitsaufwendiger). Erweiterung der Möglichkeiten durch dichtere oder weitabständigere Ziehung der Linien bzw. Wahl kleinerer oder größerer Punkte.

Artverschiedene, aber wertgleiche Erscheinungen und Sachverhalte durch musterverschiedene aber dichtegleiche Raster oder durch formverschiedene aber größengleiche Signaturen darstellen.

Artgleiche, aber wertverschiedene Erscheinungen und Sachverhalte durch mustergleiche, aber dichteverschiedene Raster oder durch formgleiche aber größenverschiedene Signaturen darstellen.

Artverschiedene und wertverschiedene Erscheinungen und Sachverhalte durch musterverschiedene und dichteverschiedene Raster oder durch formverschiedene und größenverschiedene Signaturen darstellen.

Artgleiche und wertgleiche Erscheinungen und Sachverhalte durch mustergleiche und dichtegleiche Raster oder durch formgleiche und größengleiche Signaturen darstellen.

Intensität dynamischer Vorgänge (z. B. Pendlerströme und Verkehrsaufkommen) durch unterschiedliche Strichstärke bzw. Pfeilstärke darstellen.

Übliche Konventionen zur Verwendung von *Farbe* beachten, z. B. blau für Gewässer, grün für Vegetation, braun für Oberflächenformen. Im Bereich der Anthropogeographie keine so starren Konventionen üblich. Da Auswahl der Farben meist begrenzt, auch auf bereits vergebene Farben notfalls zurückgreifen; Differenzierungen dann in

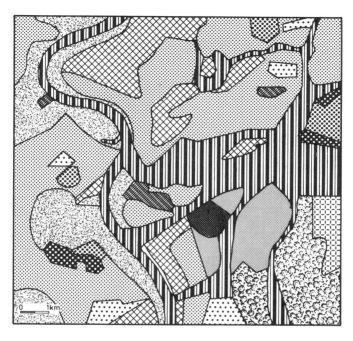

Abb. 49: Interpretationsskizze zu Blatt 4506 Duisburg

Symbol- bzw. Signaturwahl. Grün z. B. gut geeignet, um alle mit der Erholungsfunktion verbundenen Erscheinungen darzustellen; Rottönungen für Siedlungen, Verkehrswege (meist bereits auf topographischer Karte so). Schwarz geeignet für Industrie, Bergbau usw. Je nach Bedarf der Interpretationsskizze Farbwahl auch an primären, sekundären, tertiären Sektor binden oder an verschiedene „Grunddaseinsfunktionen" (wohnen = rot, arbeiten = schwarz, sich erholen = grün etc.). Farbtönungen in Abstufungen des Spektrums zur Verdeutlichung von Intensitätsveränderungen gut zu gebrauchen.

Beispiel: Schichtstufenhang in drei verschieden steile Hangabschnitte unterteilen, von gelb über orange bis tiefrot tönen: ergibt deutlich Zunahme der Neigung des Stufenhangs.

Überlagerung verschiedener Sachverhalte günstig durch folgende Methode darzustellen: Linienraster so wählen, daß mehrere Sachverhalte durch Übereinanderlegen verschiedener paralleler Linienraster unterschiedlicher Farbgebung noch übersichtlich dargestellt werden können.

Beispiele: Neben rotes City-Linienraster wird orangenes Linienraster für vorherrschenden tertiären Sektor gelegt. – Neben weites rotes Linienraster für Neubaugebiete wird grünes Linienraster gelegt, d. h. weit auseinanderstehende Häuser mit Gärten, Grünanlagen dazwischen. Wachsen diese Neubaugebiete in Industriezonen hinein, wird schwarzes Linienraster für Industrie eingelegt anstelle von grünem Linienraster.

Kombination von Farbe und Positionssignaturen ergibt vielfältige Aussagemöglichkeiten.

Beispiel: Darstellung von Siedlungen. Größe der Signatur gibt Einwohnerzahl an (Schwellenwertbildung). Art des Zeichens (Kreis, Quadrat, Rechteck) gibt entweder Form (Haufendorf, Straßendorf, Hufendorf etc.) oder Funktion (Industriestadt, Kurort, Verwaltungszentrum) an. Farbe bezeichnet Alter der Siedlung (nach Ortsnamensendung bestimmt) oder Form/Funktion.

Positionssignaturen für Interpretationsskizze nicht unbedingt ganz exakt positionsgetreu legen, annähernd lagegetreu genügt. Auch Signaturen z. B. für Siedlungen nicht nach der Ausdehnung auf dem Kartenblatt wählen, sondern nach Größe der typenhaften Signatur, wie am Rande in der Legende erklärt. Größe der Signatur richtet sich eher nach Schwellenwertbildung z. B. für Einwohnerzahlen oder aber auch für flächenhafte Erstreckung der Siedlung. Selbst dann aber nicht einfach topographische Karte nachzeichnen, sondern klar festgelegte Signaturen nach Schwellenwertbildung wählen.

5.5 Blockdiagramm

Dreidimensionale Darstellung vereinigt Vorteile von Profil und Karte. Große Anschaulichkeit, vor allem zur besseren Orientierung und Vorstellung nützlich. Weiterhin werden Zusammenhänge zwischen Struktur und Skulptur deutlich, da zwei Profilflächen geologische Beschaffenheit wiedergeben können.

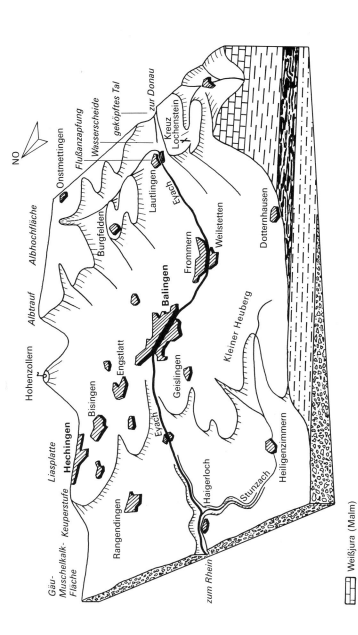

Abb. 50: Schematisches Blockbild (Freihandzeichnung) zu Blatt L 7718 Balingen

Anfertigung perspektivisch korrekter Blockdiagramme nicht ganz einfach (vgl. Abb. 50). Nachzeichnen vorhandener Blockdiagramme gute Einführung und Übung.

Einschlägige Lehrbücher befragen, z. B. SCHRÖDER (1985), WILHELMY/HÜTTERMANN/SCHRÖDER (1990), FREBOLD (1951); auch BENZING (1962 und 1963), LEHMANN (1951), CLOOS (1951).

Freihandzeichnungen als Skizzen oft bereits von wesentlicher Aussagekraft, vor allem wenn nicht gesamte Situation dargestellt werden soll oder Blockdiagramm nur exemplarischen Wert hat, zur *Darstellung typenhaften Vorkommens*.

Beispiel: Typ eines südwalisischen Tales im Kohlebergbaurevier zeigt Talform; Bach, Straße, Eisenbahn, Industriegebäude, Gruben und einige Halden im Talboden; am Hang Reihenhäuser, Industriegebäude und einige Halden; oberhalb des Hanges über Siedlungen noch einige Halden; Hochfläche frei. Darstellung als Typ eines südwalisischen Tales im Kohlebergbaurevier (s. PROCTOR 1963). *Oder:* Top. Atlas Rheinland-Pfalz, S. 139: Taldorf/Höhendorf.

Seltene *Anwendung* von Blockdiagrammen als Hilfsmittel bei der Darstellung der Ergebnisse geographischer Karteninterpretation wegen verschiedener Nachteile trotz großer Anschaulichkeit und einzigartiger Dreidimensionalität.

In „Deutsche Landschaften" (MÜLLER-MINY) häufige Verwendung von Profilen, aber nicht von Blockdiagrammen. Auch in anderen Büchern zur Karteninterpretation nur selten Beispiele. So bei SPEAK/CARTER (1970) drei Blockdiagramme, die aber bezeichnenderweise alle ohne geologische Profilflächen sind.

Nachteil von Blockdiagrammen: schwierige Anfertigung, v. a. auch geologischer Profilebenen; für viele steile Flächen, die in Karte Linien sind, wird Platz benötigt, der anderen Objekten fehlt (CLOOS 1951).

6 Sprachliche Erläuterungen
6.1 Übersetzung fremdsprachiger Legenden und häufig vorkommender Schriftzusätze auf den Karten

6.1.1 Carte de France
1 : 50 000 und 1 : 100 000

6.1.1.1 Legende

Echelle	Maßstab
Equidistance des courbes	Äquidistanz der Isohypsen
Intercalaires	Zwischenhöhenlinien
Autoroute	Autobahn
Route à deux chaussées séparées	Zweispurige Straße
Routes principales	Haupt-Fernstraßen
Routes secondaires	Nebenstraßen
Routes nationales	Nationalstraßen
de très bonne viabilité	sehr gute Befahrbarkeit
de bonne viabilité	gute Befahrbarkeit
de viabilité moyenne	befriedigende Befahrbarkeit
Autres routes	weitere Straßen und Wege
régulièrement entretenu	regelmäßig unterhalten
irrégulièrement entretenu	unregelmäßig unterhalten
Chemins départementaux	Departement-Straßen
de viabilité médiocre	mittelmäßige Befahrbarkeit
Autres chemins empierrés	weitere Schotterstraßen
Chemin d'exploitation	Feldweg
Laie forestière	Waldschneise
Sentier	Pfad
Sentier muletier	Maultierpfad
Layon	Schneise
Route en déblai et en remblai	Straße eingeschnitten und auf einem Damm
Route en encorbellement	Überhöhte Straße
Vestiges d'ancienne voie carrossable	Reste eines alten Fahrweges
Route en construction	Straße im Bau
Routes et chemins bordés d'arbres	Straße mit Bäumen gesäumt
Chemin de fer	Eisenbahnlinie
à 2 voies	zweigleisig
à 1 voie	eingleisig
à voie étroite	Schmalspurbahn
Voies de garage ou de service	Abstellgleis oder Reparaturgleis
Gare, Station	Hauptbahnhof, Bahnhof
Halte, arrêt	Haltepunkt
Tunnels	Tunnel
moins de, plus de	mehr als, weniger als
Viaduc	Viadukt
Pont	Brücke
Voies hors service, déposées	stillgelegte Strecken
Passage à niveau	schienengleicher Übergang
Passage inférieur	Unterführung
Passage supérieur	Überführung

Câble transporteur	Seilbahn
Câble transporteur téléphérique	Drahtseilbahn
Câble transporteur d'exploitation	Lastseilbahn
Câble transporteur de force électrique	Elektrizitätsleitung
Ligne d'énergie électrique	Elektrizitätsleitung
Ligne à haute tension	Hochspannungsleitung
Limite d'Etat (avec bornes)	Staatsgrenze (mit Grenzsteinen)
Chef-lieu	Hauptort
Département, arrondissement, canton, commune	Frz. Verwaltungseinheiten, nach der Rangfolge
Passage de rivière	Flußüberführung
Pont (isolé)	Brücke
Bac	Fähre
Gué	Furt
Passerelle	Fußgängerbrücke
Barrage	Staudamm, Wehr
Canal (canaux pl.)	Kanal (pl.)
(non) navigable	(nicht) schiffbar
Digue	Damm, Deich
Port, gare	Hafen
Ecluse	Schleuse
Canal d'alimentation	Versorgungskanal
Canal d'irrigation ou fossé	Bewässerungskanal oder Graben
Réservoir	Wasserbehälter
Source	Quelle
Puits, citerne	Brunnen, Zisterne
Château d'eau	Wasserturm, Wasserbehälter
Aqueduc	Wasserleitung
sur le sol	oberirdisch
souterrain	unterirdisch
sur pont	über eine Brücke
élevé	hochgelegen
Lac	See
Etang	Lagune, Haff, Teich
permanent	ständig Wasser führend
périodique	periodisch Wasser führend
à niveau variable	mit wechselndem Wasserspiegel
Marais	Sumpf, Moor
Marais salant	Salzsumpf, Saline
Sable	Sand
Rocher	Fels
Dune	Düne
Courbe de danger	Gefahrenlinie
Ecueil	Klippe
Recouvert à marée haute	bei Ebbe trockenfallend
Phare	Leuchtturm
Feu	Leuchtfeuer
Bateau-feu	Feuerschiff
Sémaphore	Signalmast
Balise	Boje
Bouée (lumineuse)	Boje, Leuchtboje

Maison	Haus
Groupe de maisons	Gebäudegruppe
Maison forestière	Forsthaus
Eglise	Kirche
Chapelle	Kapelle
Calvaire	Kreuzstätte
Monument mégalithique	prähistorischer Stein (Megalith) oder Grab
Monument commemoratif	Gedenkstein, Denkmal
Habitations troglodytiques	bewohnte Höhlen
Cimetière	Friedhof
Château	Schloß
Tour	Turm
Ruine	Ruine
Phare	Leuchtturm
Usine	Fabrik
Moulin	Mühle
à vent	Windmühle
à eau	Wassermühle
éolienne	Windmotor
Gazomètre	Gasometer
Carrière	Steinbruch, Grube
souterraine	Steinbruch, unterirdisch
à ciel ouvert	Steinbruch, oberirdisch
Grotte	Höhle
Puits de mine	Schacht
Terril	Schutthalde
Mine	Bergwerk
Ouvrage de fortification	Befestigungsanlage
Fort	Fort
Batterie	Stellung, Schanze
Tranchées	Gräben (Schützengräben)
Vestiges de guerre	Überreste, Spuren des Krieges
Emetteur de radiotéléphonie	Rundfunksendeanlage
Emetteur de radiotélégraphie	Fernmeldesendeanlage
Aérodrome	Flugplatz
Hydroaérodrome	Wasserflugplatz
(non) pourvu d'installations	(ohne) mit Einrichtungen
Lieu habité	Ortschaft
Habitant	Einwohner
plus de	mehr als
de ... à	von ... bis
moins de	weniger als
Chiffre de population en milliers d'habitants	Zahl der Einwohner in Tausend
Hameau	Weiler
Maison isolée	isoliertes Gebäude
Ferme	Bauern-, Gutshof
Point géodésique	trigonometrischer Punkt
Cote	Höhenangabe, Quote
Camp militaire	Truppenübungsgelände
Haies ou clôtures végétales	Hecken oder eingezäunte Pflanzung
Murs	Mauern

French		German
Murs en ruines		Mauern in Ruinen
Arbres (isolés)		einzelne Bäume
Boule		kugelförmig
Fuseau		spindelförmig
Palmier		wie eine Palme
Bois		Wald
Broussaille		Buschwerk, Gesträuch
Vigne		Weinfeld, Weinberg
Verger		Obstgarten
Plantation		regelmäßige Anpflanzung
Houblonnière		Hopfen, Hopfenfeld

6.1.1.2 Häufig vorkommende Schriftzusätze und Abkürzungen

Wort	Abkürzung	Übersetzung
Abbatoir		Schlachthaus
Abbaye	Abb.	Abtei
Aérodrome	Aér.^{me}	Flugplatz
Aiguille	Aig.^{le}	Felsspitze, Nadel
ancien(ne)	anc.	alt
Ardoisière	Ard.^{re}	Schieferbruch
Asile	As.^{e}	Pflegeanstalt
Atelier	At.^{r}	Reparaturwerkstatt
Aven		Schachthöhle
Bassin		Becken
Batterie	Bat.^{ie}	Festungsanlage
Bergerie	B^{ie}, B.^{rie}	Schafstall
Bois	B.	Wald
Bosse		Hügel
Brasserie	Brass., Bras.^{ie}	Brauerei
Briqueterie	Briq.^{ie}	Ziegelei
Cabane	C.^{ne}	Hütte
Carrière	Carr.^{e}	Steinbruch
Casernes	Cas.^{nes}	Kasernen
Chaîne		Gebirgskette
Chalet	Ch.^{et}	Einzelhaus
Champ		Feld
Champignonnière	Champig.	Pilzbeet (Champignonzucht)
Chapelle	Ch.^{lle}	Kapelle
Charbonnière		Kohlenmeiler, Köhlerei
Château (d'eau)	Ch.^{au}	(Wasser-) Schloß
Cimetière	Cim.^{re}	Friedhof
Citadelle		Zitadelle, Burg
Clouterie	Clout.^{ie}	Nagelschmiede
Col		Paß, Sattel, Joch
Collège	Coll.	Oberschule
Commune	Com.^{ne}	Gemeinde
Côte		Küste, Abhang, Anhöhe
Couvent	Couv.	Kloster
Digue		Deich
Distillerie	Dist.^{ie}	Brennerei
Dolmen	Dol.^{n}	Dolmen (kelt.)

Domaine	Dom.ne	(Land-) Gut
Ecole (d'agriculture)	Ec.le(d'agrure)	(Landwirtschafts-) Schule
Ecorcherie		⎫
Ecorche–Boeuf		⎬ Abdeckerei
Eglise	Eg.se	Kirche
en projet		im Bau
Ermitage		Einsiedelei
Etang	Et.g	Lagune, Haff, Teich
Equarrissage		Abdeckerei
Fabrique	Fab.e	Fabrik
Faubourg	F.bg	Vorort
Ferme	F.me	(Bauern-) Hof
Ferronnerie	F.ie, F.rie	Hammer-, Eisenschmiede
Filature	Filat.	Spinnerei
Filière	Fil.re	Drahtzieherei
Fond		Niederung
Forêt		Wald
Fort		Fort, Befestigungsanlage
Forge		Schmiede, Hütten-, Hammerwerk
Fromagerie	Fromag.ie	Käserei
Funiculaire		Drahtseilbahn
Gare		Bahnhof
Garrigue		medit. Buschvegetation
Glacier		Gletscher
Gouffre		Abgrund
Grand(e)	Gr.d(e)	Groß-
Grange	Gr.ge	Scheune
Grotte	Gr.te	Höhle
Hippodrome		Pferderennbahn
Hôpital	H.al, Hôp.	Krankenhaus
Hospice	Hosp.	Armenhaus, Stift, Klosterherberge
Hospitalière	Hosp.re	Kloster
Huilerie	Huil.ie	Ölmühle, Ölfabrik
Ile		Insel
Laminoir		Walzwerk
Maison (forestière)	M.on(f.re)	Haus (Forsthaus)
Manufacture	Manuf.re	Fabrik
Marais		Sumpf
Marbrerie		Marmorschleiferei
Mas		provenzalisch: Einzelhof
Métairie	Mét.ie	Meierei, Bauernhof
Mine	M.e	Bergwerk
Mont, Montagne	M.t	Berg, Gebirge
Monument	Mon.t	Denkmal
Moulin	M.in	Mühle
neuf, -ve		neu
Oratoire	Orat.	Betkapelle
Ouvrage	Ouvr.	Festungsbunker
Papeterie	Pap.ie	Papiermühle
Parc à huitres		Austernbank

petit (e)	p.$^{it(e)}$	klein
Phare		Leuchtturm
Plage		Strand
Plaine		Ebene
Plâtrière	Plât.^{re}	Gipsgrube
Pointe	P.^{nte}	Spitze, Kap
Port		Hafen
Porte	P.^{te}	Tor
Poterie		Töpferei
Poudrerie	Poud.^{rie}, Poud.^{ie}	Pulverfabrik
Puits		Brunnen
Raffinerie	Raf.^{ie}	(Öl-) Raffinerie
Râperie		Reib- oder Raspelwerk
Ravin	Rav.	Talschlucht
Réfrigérateur	Réfrig.^{r}	Kühlanlage
Refuge	R.^{ge}	Berghütte
Réservoir	R.^{voir}	(Wasser-)Behälter, Speicher
Rocher	R.^{er}	Fels (-spitze)
Ruine	R.^{ne}	Ruine
Ruisseau	R.^{au}	Bach
Sablière	Sabl.^{re}	Sandgrube
Saboterie		Holzschuhmacherei
Saint	St.	Heilig-
Salin		Saline, Salzgarten
Sanatorium	Sanat.	Sanatorium
Scierie	Sc.^{ie}	Sägewerk
Serre		Treibhaus
Source	S.^{ce}	Quelle
Sucrerie	Suc.^{ie}	Zuckerfabrik
Tannerie		Lohgerberei
Teinture	Teint.^{re}	⎱ Färberei
Teinturerie	Teint.^{ie}	⎰
Télégraphie sans fil	T. S. F.	Frz. Rundfunk
Terril		Schutthalde
Tissage	Tiss.	Weberei
Tombe		Grab(-hügel)
Tuilerie		Ziegelei
Usine (métallique)	Us.^{e} (métal.^{que})	Fabrik, Hüttenwerk
Val, Vallée		Tal
Verrerie, Chalet de la verrerie		Glashütte
vieux, vieil(le)		alt
Village (detruit)		Dorf (zerstört, wüstgefallen)

6.1.2 Ordnance Survey of Great Britain

One inch to one mile map (1:63 360), 1:25 000 und 1:50 000

6.1.2.1 Legende

Scale	Maßstab
Miscellaneous	Verschiedenes

Church or Chapel	Kirche oder Kapelle
with tower	mit Turm
with spire	mit Spitzturm
without tower or spire	ohne Turm oder Spitzturm
Youth Hostel	Jugendherberge
Triangulation Pillar	Trigonometrischer Punkt
Glasshouses	Gewächshäuser
Electricity Transmission Line	Hochspannungsleitung
Pipe Line	Druckleitung
arrow indicates direction	Pfeil zeigt Fließrichtung
of flow	an
intersection, lat. & long. at 5'	Kreuzungspunkte von Breiten- und Längen-
intervals (not shown where it confuses	graden, Abstand 5' (nicht eingezeichnet, wenn
important detail)	es wichtige Details behindert)
Bus- or Coach Station	Bushaltestelle
Windmill	Windmühle
in use	in Betrieb
disused	außer Betrieb
Wind pump	Windpumpe, -motor
Wireless or TV Mast	Rundfunk- oder Fernsehmast
Wood	Wald
Orchard	Obstgarten
Park or Ornamental Grounds	Park oder Ziergärten
Bracken, Heath and Rough Grassland	Farn, Heide und extensive Weide
Quarry	Steinbruch
Open pit	offene Grube
Relief	Relief
Heights in feet above Mean	Höhenangaben in Fuß über Normal-Null
Sea Level	des Meeresspiegels
(not) Surveyed by levelling	(nicht) an Ort und Stelle vermessen
Contours at 50ft. intervals	Höhenlinien mit ca. 15 m Äquidistanz
To convert feet to metres	Zur Umrechnung von Fuß in Meter mit
multiply by .3048	0,3048 multiplizieren
Boundaries	Grenzen
National	Landesgrenzen
County	Grafschaft
Civil Parish	Gemeinde
National Trust	Naturschutzgebiet
always open	immer geöffnet
opening restricted	eingeschränkte Öffnungszeiten
Abbreviations	Abkürzungen
Post Office	Postamt
Public House	Wirtshaus
Club House	Clubheim
Telephone Call Box	Telefonhäuschen
PO	öffentlich
AA	Automobilclub AA
RAC	Automobilclub RAC
Mile Post	Meilenpfosten
Milestone	Meilenstein
Town Hall, Guildhall or equivalent	Rathaus, Zunfthaus o. ä.

Public Convenience (in rural areas)	Toiletten (in ländlichen Gebieten)
Antiquities	Antiquitäten, historische Zeugnisse
Roman Antiquity	römische Überreste
Other Antiquity	andere Antiquitäten
Site of Antiquity	Ort der Antiquität
Site of Battle (with date)	Schlachtfeld (mit Datum)
Roads and Paths	Straßen und Wege
Motorway	Autobahn
Trunkroad	Durchgangs-, Hauptverkehrsstraße
Main Road	Hauptverkehrsstraßen
Single and Dual Carriageway	zweispurig und vierspurig ausgebaute Autostraße
Secondary Road	Nebenstraße
Narrow Trunk or Main Road with passing places	Schmale Durchgangs- oder Hauptverkehrsstraße mit Ausweich-Überholstellen
14ft. of Metalling or over	geschotterte Straße ab 4,20 m breit
Under 14ft. of Metalling	geschotterte Straße unter 4,20 m breit
Tarred, Untarred	mit / ohne Asphaltdecke
Minor Road in towns, Drive or Track (unmetalled)	Nebenstraßen in Städten, Zufahrt oder Weg (ohne Belag)
Unfenced roads are shown by short pecks	Nichteingezäunte Straßen werden durch Striche angezeigt
Under construction	Im Bau
Path	Fußweg
Gradients: 1 in 5 and steeper	Steigung: 20% und mehr
1 in 7 to 1 in 5	zwischen 14 und 20%
Toll Gate	Straßengebühr-Einnahmestelle
Other gates	andere Schranken
Entrance to Road Tunnel	Einfahrt eines Straßentunnels
Public Rights of Way	öffentliches Wegerecht
Public Paths	öffentliche Wege
Footpath (right of way on foot)	Fußweg (Fußgänger erlaubt)
Bridleway (right of way on foot and on horseback)	Reitweg (Reiter und Fußgänger erlaubt)
Roads used as public path	Straßen, als öffentliche Wege benutzt
Railways	Eisenbahnen
Standard Gauge Track	Standard-Spurweite
Multiple	mehrspurig
Single	einspurig
Narrow Gauge Track	Schmalspurbahn
Mineral Line, Siding or Tramway	Lastbahn, Abstellgleis oder Straßenbahn
Viaduct	Überführung
Bridge	Brücke
Foot Bridge	Fußgängerbrücke
Level Crossing	schienengleicher Bahnübergang
Tunnel	Tunnel
Cutting	Einschnitt
Embankment	Damm
Station (closed to passengers)	Bahnhof (für Passagiere geschlossen)
Principal Station	Hauptbahnhof
Water Features	Gewässerdarstellung

Marsh		Sumpf
Dunes		Dünen
Cliff		Kliff
Slope		Abhang
Flat Rock		Flacher Felsen
Sand and Shingles		Sand und Kies
Sand and Mud		Sand und Schlamm
Canal		Kanal
Lake		See
Aqueduct		Aquädukt
Lock		Schleuse
Weir		Staudamm
Ford		Furt
Ferry: Vehicle		Fähre: Fahrzeuge
Foot		Fußgänger
LWM (Low Water Mark)		mittlerer Niedrigwasserstand
HWM (High Water Mark)		mittlerer Hochwasserstand
Highest Point to which Tide flows		weitestes Vordringen der Gezeitenströmung
Beacon		Leuchtfeuer
Lightship		Feuerschiff
Lighthouse		Leuchtturm
Submarine Contours in fathoms taken from the soundings of Admiralty surveys		Isobathen in Faden, nach Auslotungen der Marine

6.1.2.2 Häufig vorkommende Schriftzusätze und Abkürzungen

Barracks	Bks	Kasernen
Baths		Schwimmbad
Botanic Gardens		Botanischer Garten
Bridge	Br	Brücke
Breakwater		Wellenbrecher, Buhne
Cairn		Steinhügel, Grabhügel
Castle		Schloß, Burg
Cathedral	Cath	Kathedrale
Cemetry	Cemy	Friedhof
Chapel		Kapelle
Civic Centre		Stadtzentrum, Rathaus
Course (of old Railway)	Cse (of old rly)	Weg, Verlauf (einer ehem. Eisenbahn)
College	Coll	Schule, Universität
Cwm		Kar, auch Talmulde
Disused	Dis	außer Betrieb
Docks		Dockanlagen (Hafen)
Downs		Hügelland
Earthwork		Erdwall
Engineering works		Metallverarbeitende Fabrik
Farm	Fm	Bauernhof

English	Abbr.	German
Ferry		Fähre
Foot, Feet	Ft	1 Foot = ca. 30 cm
Golf course	golf cse	} Golfplatz
Golf links		
Government offices	Govt offices	Regierungsgebäude
Heath		Heide
Holiday Camp		Ferienlager
House	Ho	Haus, Landsitz
Hospital	Hospl	Krankenhaus
Hill		Hügel, Berg
Infirmary	Infmy	Krankenhaus
Inn		Wirtschaft
Iunction	Iunc	Kreuzung
Lake		See
Lock		Schleuse
Lookout		Aussichtspunkt
Malthouse		Mälzerei
Mile		Meile, 1 Meile = ca. 1,6 km
Mill		Mühle
Mine		Bergwerk
Moat		Erdhügel, Tumulus
Moor		} Moor
Moss		
Pit		Grube
Priory		Priorei (kirchl.)
Public House		Wirtschaft
Quarry		Steinbruch
Railway	rly	Eisenbahn
Remnants of	rems of	Überreste von
Restored		Wiederhergestellt
River		Fluß
Rock		Fels
Roman Camp, Fort, Road		Römisch: Lager, Befestigungsanlage, Straße
School	Sch	Schule
Site of roman villa		Lage eines römischen Hauses
Sluice		Schleuse, Wehr
Station	Sta	Haltestelle, Bahnhof
Steel works		Stahlwerk
Technical College		Berufsschule
Toll		Straßengebühr
Tower	Twr	Turm
Track	Trk	Weg, Spur
Tumulus		Grabhügel
University	Univ.	Universität
Weir		Staudamm
Welfare Home		Altersheim
Well		Brunnen, Quelle,
Wharf		Werft, Kaianlage
Wood		Wald
Works	Wks	Fabrik

6.1.3 Carta d'Italia
1 : 50 000 und 1 : 100 000

6.1.3.1 Legende

Scala	Maßstab
Altimetria espressa in metri	Höhenangaben in Metern
Equidistanza fra le curve di livello:	Äquidistanz der Isohypsen:
metri 25/50	25/50 m
Curve a tratti	Zwischenhöhenlinien
Segni convenzionali	Allgemeinverbindliche Signaturen
A scart° ordinario	Normalspur
Ferrovia a due o piu binari	mehrgleisige Eisenbahn
Staz^e grande	großer Bahnhof
Fermata	Haltestelle
Stazione piccola	kleiner Bahnhof
in costruzione	im Bau
Ferrovia ad un binario	eingleisige Eisenbahn
a trazione elettrica	elektrifiziert
in galleria	Tunnel
in disarmo	außer Betrieb
Attraversamenti	Übergänge
Cavalcavia	Überführung
Passaggio a livello	schienengleicher Übergang
Sottopassaggio	Unterführung
A scart° ridotto	Schmalspur
Tranvia o funicolare	Straßenbahn oder Drahtseilbahn
in sede stradale	Schienen in der Straße
in sede propria	eigener Bahnkörper
Teleferica stabile	Materialbahn
Funivia	Seilschwebebahn für Personen
Seggiovia	Sessellift
Sciovia	Skilift
Elettrodotto importante	wichtige Starkstromleitung
semplice	einfach
Cabina di trasformazione	Transformatorenhaus
doppio	doppelt
Staz^e o sottostazione elettr^a	Umspannwerk
Limiti di Stato	Staatsgrenzen
Limiti di Regione	Regionsgrenzen
Limiti di Provincia	Provinzgrenzen
Limiti di comune	Gemeindegrenzen
Strade utilizzabile in tutte le Stagioni	Straßen, die zu jeder Jahreszeit befahrbar sind
Autostrada: con e senza spartitraffico	Autobahn mit und ohne Grünstreifen
Area di parcheggio	Parkplatz
Staz^e riforn^{to} auto	Tankstelle
Strada a due o piu corsie (7 m ed oltre)	Straße mit 2 oder mehr Fahrbahnen (über 7 m)
con rivestimento duro	mit festem Belag
Indicatore strada statale	Nummer der Staatsstraße
con rivestimento leggero	ohne festen Belag
pendenza oltre il 12%	Steigung über 12%

Strada ad una corsia (fra 3,50 e 7 m)	Straße mit einer Fahrbahn (3,50–7 m)
in galleria	im Tunnel
con muri	auf Damm
Allargamento	Ausweichstelle
Strozzatura	Verengung
Strade soggette ad interruzioni stagionali	nicht zu allen Jahreszeiten befahrbare Straßen
Rotabile secondaria	Nebenstraßen, Wege
Carrareccia	Karrenwege
Mulattiera	Maultierpfad
Sentiero	Pfad
Passo, Valico	Paß, Übergang
facile	leicht begehbar
difficile	schwierig begehbar
Tratturo, pista o traccia	Viehtriebweg, Piste oder Trasse
Strada in costruzione	Straße im Bau
Ponti per ferrovie	Eisenbahnbrücken
Ponti per autostrade	Autobahnbrücken
Ponti per strade ordinarie	Straßenbrücken
in muratura	aus Stein
di ferro	aus Eisen
di legno	aus Holz
di barche	über Pontonbrücke
sospeso	Hängebrücke
pedanca	Steg
Oleodotto	Ölleitung, Pipeline
Metanodotto	Gasleitung
interrato o scoperto	unterirdisch oder freiliegend
sopraelevato	als Hochleitung
Muri di sostegno	Stützmauern
Muro a secco o maceria	Trockenmauern
Muri a calce	durch Mörtel stabilisierte Mauern
Recinzione	Einfriedung
Palizzata o staccionata o filo spinato	Holz- oder Stacheldrahtzaun
Punto geodetico, topografico	trigonometrischer Punkt
Costruzioni	Gebäude
stabile	fest
provvisoria	provisorisch
rudere	verfallen
Chiese	Kirchen
Cappella	Kapelle
Tabernacolo	Sakramentshäuschen
Cimitero	Friedhof
Croce	Kreuz
Colonna indicatrice	Wegmal
Centrali idroelettrica	Wasserkraftwerk
sotterranea	unterirdisch
Termoelettrica	Wärmekraftwerk
Miniera	Bergwerk
Pozzo di petrolio o di metano	Erdöl- oder Erdgasschacht
Grotta	Höhle
Stabilimenti (opifici) a forza idraulica	Fabriken, betrieben mit Wasserkraft

Stabilimenti (opifici) a forza elettrica	Fabriken, betrieben mit Elektrizität
Fumaiolo o torre o guglia o campanile	Schornstein oder Turm oder Kirchturm
Monumento	Denkmal
Stazione e antenna per telecomunicazioni	Telefon- und Telegrafenstation und -antenne
Aeromotore	Windmotor
Faro o fanale o boa tuminosa	Leuchtturm oder Leuchtfeuer oder Leuchtboje
Scoglio isolato	einzelne Klippe
Aeroporto	Flugplatz
Campo di fortuna	Landeplatz
Idroscalo	Wasserflughafen
Ancoraggio protetto	geschützter Ankerplatz
Acquedotti	Wasserleitungen
sotteraneo	unterirdisch
scoperto	freiliegend
in galleria	in Stollen
sopraelevato	als Hochleitung
su viadotto	als Aquädukt
diruto	aufgegeben
Canali	Kanäle
navigabile	schiffbar
Larghezza	Breite
Salto in conduttura forzata	Stauanlage
Canaletto d'irrig^e montana	kleiner Bewässerungskanal im Gebirge
Pozzi	Brunnen
perenni	immer fließend
con aeromotore	mit Windmotor
con noria	mit Göbelwerk
artesiano	artesisch
Sorgente	Quelle
Presa	Ponor, Flußschwinde
Fontana	Brunnen
Cisterna	Zisterne
Abbeveratoio	Tränke
Cascata	Wasserfall
Coltura	Anbaufläche
Bosco	Wald
Siepe	Hecken
Frutteti	Obstgärten
Vigneti	Weinfelder
Oliveti	Olivenhaine
Mandorlêti	Mandelhaine
Agrumeti	Agrumenhaine
Macchie e cespugli	Macchie mit Gebüsch
Rimboschimento	Aufforstung
Boscho ceduo	Niederwald
Boschi a foglie caduche	laubabwerfender Wald
Querce, Olmi	Eichen, Ulmen
Castagni	Kastanien
Faggi	Buchen
Larici	Lärchen
Pioppi	Pappeln

Boscho sempreverde		Immergrüner Wald
Abeti		Tannen
Pini		Pinien
Cipressi		Zypressen
Bosco rado: 1 segno de essenza		Lichter Wald: 1 Signatur
Bosco fitto: 3 segni de essenza		Dichter Wald: 3 Signaturen

6.1.3.2 Abkürzungen nach der Legende verschiedener Karten 1:50 000

Acquedotto	Acq^{to}	Aquedukt
Agenzia	Ag^{zia}	Agentur
Agricola, -o	$Agr^{la, lo}$	landwirtschaftlich
Alpe, Pascolo alpino	A	Alm, Alp
Albergo, alberghi	$Alb^{o, i}$	Hotel
Antonio	Ant^o	Anton (Eigenname)
Azienda	Az^{da}	Betrieb, Geschäft
Bagni	B^{gni}	Schwimmbad
Bàita, bàite	$B^{ta, te}$	Alpenhütte
Basilica	Bas^{ca}	Basilika
Becco	B^{co}	Schnabel
Bocchetta	$Bocch^a$	Fläschchen
Borgo	B^{go}	Weiler, Vorstadt
Bosco	B	Wald
Campanili	$Camp^{li}$	Glockentürme
Campo, campi	$C^{po, pi}$	Feld(er)
Canale	Can^{le}	Kanal
Cantoniera	$Cant^{ra}$	Straßenaufseherhütte
Capanna	Cap^{na}	Hütte
Cappella	$Capp^{la}$	Kapelle
Cartiera	$Cart^a$	Papierfabrik
Casa, case	C, C^{se}	Haus, Häuser
Casale, -i	$C^{le, li}$	Gehöft(e)
Cascata, -e	$Casc^{a, e}$	Wasserfall(fälle)
Caseificio	$Caseif^o$	Käserei
Casello	C^{lo}	Bahnwärterhäuschen
Caserma	Cas^{ma}	Kaserne
Casino	Cas^o	kleines Haus, Schlößchen
Casotto	C^{to}	Bude
Castello	$Cast^o$	Schloß
Cava, -e	$C^{va, ve}$	Steinbruch (pl.)
Centrale	$Centr^e$	Kraftwerk
Cima, -e	$C^{ma, me}$	Spitze, Gipfel (pl.)
Cimitero	Cim^{ro}	Friedhof
Collegio	$Coll^o$	Internat
Collettore	$Coll^{re}$	Sammelkanal
Colonia	Col^{nia}	Kolonie
Comunale	Com^{le}	städtisch, Gemeinde-
Conca	C^{ca}	Mulde
Convento	Con^{vto}	Kloster
Corno	C^{no}	Horn, Spitze

Italian	Abbreviation	German
Costa	C^{sta}	Hang, Küste
Cresta	Cr^{sta}	Kamm
Croce	Cr^e	Kreuz
Croda	Cr^{da}	steiler Fels
della, -e	D	von ...
Deposito	Dep^{to}	Depot
diruto	Dir	zerstört
Dosso	D^{so}	Rücken
Fermata	F^{ta}	Haltestelle
ferruginosa	Ferr^{sa}	Eisenhaltig
Fienili	F^{li}	Heuständer
Finanza	Fin^{za}	Finanz-
Fiume	F	Fluß
Fontana, -e	Font^{na}	Springbrunnen
Fontanile	Font^{le}	Quelle, Brunnen
Fonte	F^{te}	Quelle
forestale	For^{le}	zum Wald gehörig
Forca	F^{ca}	Pass
Forcella	Forc^{la}	Pass
Forcia	F^{cia}	Pass
Fornace	Forn^{ce}	Hochofen
Fosso, -a	F^{so,sa}	Graben
Francesco	Franc^o	Franz (Eigenname)
Ghiacciaio	Ghi^o	Gletscher
Giardino	G^{no}	Garten
Giogo	G^{go}	Joch
Giuseppe	Gius.^{e}	Josef (Eigenname)
Gran	Gr	groß
Grande	Gr^{de}	groß
Grotta	Gr^{ta}	Höhle, Grotte
Idrovara	Idrov^a	Pumpstation
Inferiore	Inf^e	Unterer
Isola	I	Insel
Istituto	Ist^o	Institut
Laghetto	Lag^{to}	kleiner See
Lago (laghi)	L$^{(i)}$	See (pl.)
Locanda	Loc^a	Wirtshaus
Macchia	Mac^a	Macchie
Madonna	Mad^{na}	Madonna
Maria	M^a	Maria (Eigenname)
Malga, -he	M^{ga,ghe}	Schäferhütte
Manicomio	Manic^o	Irrenhaus
Maso, -i	M^{so,si}	Alpenhütte (pl.)
Masseria	Mass^a	Bauernhof
Militare	Mil^{re}	Militär-
Miniera	Min^a	Bergwerk
Molino	M^o	Mühle
Montagna	M^{gna}	Gebirge, Berg
Monte, -i	M$^{(ti)}$	Berg (pl.)
Monumento	Monum^{to}	Denkmal
Municipio	Mun^{po}	Rathaus

161

Italiano	Abbr.	Deutsch
Officine	Off^e	Werkstätten
Oleifici	Oleif^i	Ölmühle
Ospedale	Osp^{le}	Krankenhaus
Ossario	Oss^o	Beinhaus, Leichenhaus
Osteria	Ost^a	Wirtshaus
Passo	P^{so}	Pass
Piana, -o	P^{na,no}	Ebene
Picco	P^{co}	Bergspitze
Piccolo	Picc^{lo}	Klein
Piscina	Pisc^a	Schwimmbad
Pizzo	P^{zo}	Spitze
Podere	Pod^e	Landgut
Poggio	P^{gio}	Anhöhe, Hügel
Ponte	P^{te}	Brücke
Prato, -i	P^{to,ti}	Wiese
Punta	P^{ta}	Spitze
Rifugio	Rif^o	Schutzhütte
Rio	R	Fluß
Ristorante	Rist^e	Restaurant
Rocca	R^{ca}	Burg
Rovine	Rov^e	Ruinen
San, Santo, -a	S	Sankt-
Sasso	S^{so}	Stein
Scolo	Sc^{lo}	Abfluß, Entwässerung
Scuola	Sc^{la}	Schule
Segheria	Segh^a	Sägewerk
Sella	S^{la}	Pass
Selva	S^{va}	Wald
Seminario	Sem^{rio}	Seminar, Priesterschule
Serbatoio	Serb^{io}	Reservoir, Stausee, Wasserbehälter
Solforosa	Sol^{sa}	Solfatare
Solfurea	Sol^{rea}	Solfatare
Sorgente, -i	Sorg^{te,ti}	Quelle, (pl.)
Spiaggia	Sp^{gia}	Badestrand
Stalla	St^{la}	Stall
Stazione	Staz^e	Station
Strada	Str^a	Straße
Tenuta	Ten^{ta}	Landgut
Termale	Ter^{le}	Thermalbad
Torre, -i	T^{re,ri}	Turm (pl.)
Torrente	T	Torrente, winterl. Gießbach
Valle	V	Tal
Vallone	V^{ne}	großes Tal
Vedretta	Vedr^{ta}	Gletscher
Villa	V^{la}	Landhaus
Villagio	V^{gio}	Dorf
Vivaio	Viv^o	Baumschule

6.2 Endungen und Schichten von Ortsnamen

6.2.1 Vorbemerkung

Ortsnamenendungen als Hilfe zur genetischen Siedlungsbetrachtung mit erheblicher Vorsicht zu benutzen. Ausreichende Aussagekraft nur in der großen Zahl, bei gehäuftem Auftreten (→ 3.8.3). Im Einzelfall kann nur empirische Quellenforschung individuelle Siedlungsgeschichte klären. Daneben besteht Schwierigkeit der zeitlichen Einordnung durch große regionale Differenzierungen. Aussagen also nur bedingt gültig.

Hier nur Darlegung in gröbsten Zügen mit Schwerpunkt auf Deutschland. Ausführliche Dokumentation (mit Literaturangaben) bei SCHICK ([4]1985).

6.2.2 Deutschland

Spuren aus der Zeit bis ca. 300

Römisches Provinzialland: römisch: -ich, -ch (aus -iacum), -wil, -weil (aus villa, nicht weiler!); keltisch: -ach, -agen
Germanischer Raum: Kurznamen, z. B. Hümme, Deisel, Schlarpe etc.; auch -lar, -mar, -ithi, -ede

Ca. 300–500

Süden und Südwesten (Landnahmezeit): -ingen, -heim, -hofen, -ingheim, -inghofen
Übriges Deutschland: -ingen, -leben, -by, -stedt, -wik, -torp, -trup, -um, -ing.

500–800 (z.T. früher Ausbau): -heim, -hausen, -hofen, -dorf, -stadt, -stetten, -beuren, -furt, -wedel, -bronn, -weiler, -büttel, -borstel, -bostel; Ober-, Unter-, Nord-, Süd-, etc.

800–1400 (später Ausbau)

Rodenamen: -reuth, -rod, -ried, -hau, -schwand, -schweng, -brand, -loh, -loch, -sang, -scheid, -schiet, -wald, -buch, -hardt, -hain, -holz
Burgnamen: z. B. -burg, -berg, -fels, -eck
Marschgebiete: -deich, -damm

Neuzeitlich
Zusammensetzungen mit Fürstennamen, z. B. Karlsruhe, Ludwigsburg etc. Vordringen in die Moorgebiete: -fehn, -moor. Daneben Analogiebildungen zu früheren Namen (Unsicherheitsfaktor!)

6.2.3 Frankreich

Keltisch: -bona (bonne), -dunum (-dun), -rate (-tré, -tra)
Römisch: -an, -ac
Ca. 5.–10. Jh.: -court, -ville, -pont, -mont, -champ

6.2.4 Italien

Römisch: -ano, -ate
6.–8. Jh.: -enghi (dt. -ingen)
Rodenamen, ca. ab 1200 in Norditalien, Präfixe: Ronco- (z. B. Roncobello), -ronchi, -ronchatti

6.2.5 England

Keltisch: in Randgbieten z. B. Wales: -llan-, -betws-, -eglwys-, -glas-; wichtig dort „fremde" = englische Namen!
Römisch (bis ca. 450): -chester, -cester
Angelsächsisch (bis ca. 1000): -ham, -ton, -ington, -stede, -wick, -field
Skandinavisch (ca. 9. Jh.): -by, -thorpe, -toft, -thwaite, -burgh, -erg

Rodungen

Angelsächsisch: -ley, -hurst, -holt
Skandinavisch: -lundr, -skogr (z. B. Litherskew)

6.2.6 Dänemark

Bis ca. 500: -inge, -ung, -leben, -by
Nach 500 (z. T. aus allen Zeiten, also wenig aussagekräftig): -stedt, -toft, -trup etc.

7 Literatur

(Näheres zur Literatur → 1.5)

ALBER, H.: Kartenlesen, Kompaßkunde und Krokieren. Luzern 1948

ARBEITSKREIS KARTENNUTZUNG der DGFK (Hrsg.): Tips zum Kartenlesen. Stuttgart 1991

ARCHAMBAULT, M., LHENAFF, R. u. VANNEY, J. R.: Documents et méthode pour le commentaire de cartes (géographie et géologie). Fasc. 1: Principes généraux. Paris 1967; Fasc. 2: Les reliefs structuraux. Paris 1970

ARNBERGER, E.: Handbuch der thematischen Kartographie. Wien 1966

ARNBERGER, E. u. KRETSCHMER, I.: Wesen und Aufgaben der Kartographie. Topographische Karten. 2 Bde. Wien 1977

BACH, A.: Deutsche Namenskunde II. Heidelberg 1953/54

BÄHR, J.: (Hrsg.): Kiel 1879–1979. Entwicklung von Stadt und Umland im Bild der Topographischen Karte 1:25000. Kieler Geogr. Schriften, Bd. 58, Kiel 1983.

BAIRD, D. M.: Geology and landforms as illustrated by selected Canadian topographic maps. Ottawa 1972

BARTEL, J.: Wege zur Karteninterpretation. In: Kartogr. Nachr. 20, 1970, S. 127–134

BECK, W.: Die sichtbaren Eigenschaften des topographischen Kartenbildes der Siedlungslandschaft. In: Allg. Verm. Nachr. 71, 1964, S. 196–199

–: Wandern mit der Karte. Stuttgart 1977

BEHRMANN, W.: 40 Blätter der Karte 1:100000, Ausgabe C. Ausgewählt für Unterrichtszwecke mit Erläuterungen. Berlin 1951, Nachdruck

BENZING, A. G.: Vereinfachtes Blockbild-Zeichnen. In: Geogr. Taschenb. 1962/63, S. 317–320

–: Blockbilder als Arbeitshilfen für geographische Exkursionen. In: Geogr. Rdsch. 15, 1963, S. 421–424

BIRCH, T. W.: African Map and Photo Reading. London 1971

BLAIR, C.L. u. GUTSELL, B. V.: The American Landscape. Map and Air Photo Interpretation. New York u.a. 1974

BLUME, H.: Probleme der Schichtstufenlandschaft. Darmstadt 1971

BOARD, C. u. TAYLOR, R. M.: Perception and Maps: Human Factors in Map Design and Interpretation. In: Transactions, Inst. of British Geogr., New Series, vol. 2, no. 1, November 1977, S. 19–36

BOGOMOLOV, L. A.: Das Verhältnis von Karte und Text in der geographischen Charakteristik eines Gebietes. In: Probleme der Kartographie. Aufsätze aus der sowjetischen Literatur. Gotha 1955, S. 57–72

BONACKER, W.: Kartenwörterbuch. Berlin 1941

BORMANN, W.: Was bedeuten dem Kartographen die Maßstäbe 1:200000 und 1:250000? Gedanken zu einer topographischen Übersichtskarte. In: Kartogr. Nachr. 7, 1957, S. 170–178

–: Die topographische Karte 1:50000. – Eine vergleichende Betrachtung bisher erschienener Blätter. In: Kartogr. Nachr. 9, 1959, S. 44–56

BRANDSTÄTTER, L.: Neue Gedanken zur topographischen Karte des Hochgebirges. In: Kartogr. Nachr. 20, 1970, S. 167–178

BREDOW, E.: Das Watt in der Topographischen Karte. In: Kartogr. Nachr. 3, 1953, S. 7–9

–: Das Problem der kartographischen Wattdarstellung. In: Kartogr. Nachr. 9, 1959, S. 79–81

BREETZ, E.: Erkenntnistheoretische Probleme bei der Arbeit mit geographischen Karten im Schulunterricht. In: PH „Karl Liebknecht" Potsdam, Wiss. Ztschr. 16, 1972, S. 513–525

–: Zum Kartenverständnis im Heimatkunde- und Geographieunterricht. Berlin 1975

–: Verfahrensweisen zur Kartennutzung im Schulunterricht. In: Vermessungstechnik 31, 1983, S. 48–50

BURCHARD, A.: Kartenlesen und Kartenverständnis. In: Geogr. Anzeiger 33, 1932, S. 386–393

BUSCH, H.: Die Auswertung der Spezialkarte im heimatkundlichen Unterricht. In: Geogr. Rdsch. 1, 1949, S. 177–183

CAMERON, C.: English place names. London 1969

CHAPMAN, R. B., MCCORMACK, J. C., O'BRIEN, E. F. u. SCOVEL, J. L.: Atlas of landforms. New York, London, Sydney 1965

CHRISTALLER, W.: Wesen und Arten sozialräumlicher Landschaftseinheiten und ihre Darstellung auf der Karte 1:200 000. In: Ber. z. dt. Landeskunde 1949/50, S. 357–367

CLARKE, J. J.: Morphometry from maps. In: Essays in Geomorphology. London 1967

CLOSS, H.: Blockbild und Strukturrelief. In: Geogr. Taschenb. 1951/52, S. 397–398

DEGN, Ch. u. MUUSS, U.: Topographischer Atlas Schleswig-Holstein. Neumünster 1968, ⁴1979

DITTMAIER, H.: Siedlungsnamen und Siedlungsgeschichte des Bergischen Landes. Bonn 1956

–: Rheinische Flurnamen. Bonn 1963

DÜRR, H.: Die Kartographische Synopsis als Instrument der natur- und sozialgeographischen Theoriebildung. In: Erdkunde 27, 1973, S. 81–92

DURY, H.: Map interpretation. London 1952, ⁴1972

EDWARDS, K. C. (ed.): British landscapes through maps. Sheffield 1960 ff.

EGERER, A.: Kartenlesen. Stuttgart 1914/1918, Leipzig 1951

–: Wie fertigt man eine Kartenskizze? Stuttgart 1924

ERNST, E. u. KLINGSPORN, H.: Hessen in Karte und Luftbild. Topographischer Atlas, Teil I. Neumünster 1969

FEHN, H. (Hrsg.): Topographischer Atlas von Bayern. München 1968

✗ FEZER, F.: Karteninterpretation. Braunschweig 1974, ²1976

–: Topographischer Atlas Baden-Württemberg. Neumünster 1979

FINSTERWALDER, K.: Ortsnamen und Sprachengeschichte in Südtirol. In: Erdkunde 8, 1954, S. 253–263

FOCHLER-HAUKE, G.: Verkehrsgeographie. Braunschweig ³1972

FREBOLD, G.: Profil und Blockbild. Eine Einführung in ihre Konstruktion und in das Verständnis topographischer und geologischer Karten. Braunschweig 1951

✗ Geiger, F.: Methodische Überlegungen zur Karteninterpretation. Dargestellt am Beispiel der Topographischen Karte 1:50 000 Blatt L 8312. In: Freiburger geogr. Mitt. 1977, S. 14–25

–: Beispiele zur Kartenarbeit in der Sekundarstufe II. In: Geogr. u. Schule 2, 1979, S. 48–64

Goertz, H.: Das Relief in der Karte. In: Geogr. Taschenb. 1951/52, S. 412–418

Goodson, J. B.: u. Morris, J. A.: The new contour dictionary. A short textbook on contour reading with map exercises. London 1971

Greim, G.: Zwölf ausgewählte Reichskarten 1 : 100 000 zur Heimatkunde von Bayern. Zit. bei Walter, M. (1933) S. 480

Grosse, G.: Einige Grundregeln für den Kartenentwurf der geographisch-kartographischen Redaktion. In: Kartogr. Nachr. 19, 1969, S. 58–62

Grothenn, D.: Topographische Atlanten in der Bundesrepublik Deutschland. In: Intern. Jb. f. Kartogr. XVII, 1977, S. 90–103

Haack, E.: Zur Frage der Darstellung der Dünen auf topographischen Karten. In: Mittbl. Verw. Verm. Kartw. 3, 1958, 6

Härtig, P.: Das Kausalprofil. In: Geogr. Rdsch. 2, 1950, S. 143–144

Hake, G.: Der Informationsgehalt der Karte. Merkmale und Maße. In: Grundsatzfragen der Kartographie. Wien 1970, S. 119–131

–: Kartographische Ausdrucksform und Wirklichkeit. In: Festschr. f. G. Jensch. Berlin 1974, S. 87–107

–: Kartographie. Berlin I [6]1982, II [3]1985

Harley, J. B.: Place names on the early Ordnance Survey maps of England and Wales. In: The Cartographic Journal 8, 1971, S. 91–104

✗ Helbok, A.: Die Ortsnamen im Deutschen. Berlin 1944

Hempel, L.: Möglichkeiten und Grenzen der Auswertung amtlicher Karten für die Geomorphologie. In: Dt. Geographentag Würzburg 1957, Tagungsber. u. Abh., Wiesbaden 1958, S. 272–279

Hertig, P.: Das Kausalprofil. In: Geogr. Rundsch. 2, 1950, S. 143–144

Herzig, K.: Kartenkunde. Herford [4]1978

Herzig, R.: Zur Verwendung amtlicher topographischer Karten im Geographieunterricht. In: Ztschr. f. d. Erdkundeunterricht 44, 1992, S. 6–10

Hoffmann, G.: Karten- und Photointerpretation in den Schulen Großbritanniens. In: Geogr. Rundsch. 28, 1976, S. 248–250

Hofmann, W.: Geländeaufnahme – Geländedarstellung. Braunschweig 1971

–, u. Louis, H. (Hrsg.): Landformen im Kartenbild. Topographisch-geomorphologische Kartenproben 1 : 25 000. Braunschweig 1968 ff

Huber, E.: Die Landeskarten der Schweiz. In: Intern. Jb. f. Kartogr. III 1963, S. 130–131

Hüttermann, A.: Die geographische Karteninterpretation. In: Kartogr. Nachr. 25, 1975, S. 62–66

–: Karteninterpretation als geographische Arbeitstechnik in der Sekundarstufe II. In: Kartogr. Nachr. 27, 1977, S. 166–172

–: Die topographische Karte als geographisches Arbeitsmittel. Der Erdkundeunterricht, Heft 26. Stuttgart 1978

—: Der Einsatz topographischer Karten auf Exkursionen. In: Osnabrücker Studien z. Geogr. 1, 1978, S. 219–246

—: Die Karte als geographischer Informationsträger. In: Geogr. u. Schule 2, 1979, S. 4–13

✗ —: (Hrsg.): Probleme der geographischen Kartenauswertung. (= Wege der Forschung) Darmstadt 1981

—: Landschaftsverbrauch in der Region Mittlere Neckar. Anregung zur Behandlung des Themas anhand topographischer Karten. In: Geographie und Schule 12, 1990, H. 66, S. 2–12

—: Karteninterpretation vor Ort: Balingen. In: Tagungsführer 41. Deutscher Kartographentag. Stuttgart 1992, S. 110–113

IKIER, F. v.: Kartenkunde. Handbuch für den Gebrauch und die Benutzung von Karten und Luftbildern. Bonn 1964

IMHOF, E.: Das Siedlungsbild in der Karte. In: Mitt. d. Geogr.-Ethnolog. Ges. Zürich, 37, 1936/37, S. 17–86

—: Gelände und Karte. Zürich, Stuttgart 1968

—: Thematische Kartographie. Berlin, New York 1972

INSTITUT FÜR LANDESKUNDE (Hrsg.): Deutsche Landschaften. Geographisch-landeskundliche Erläuterungen zur Topographischen Karte 1 : 50 000. Eine Beispielsammlung für Unterrichtszwecke landeskundlich und didaktisch erläutert. 1. Lfg. Bad Godesberg 1963; 2. Lfg. Bad Godesberg 1965; 3. Lfg. Bad Godesberg 1967; 4. Lfg. Bad Godesberg 1970; 2. Aufl., Auswahl A 1980, Auswahl B 1979, Auswahl C 1978, Auswahl E 1982

JAEGER, F.: Das Lesen topographischer Karten. Geogr. Zeitschr. 16, 1910, S. 220

JAROS, R.: Zur Frage des Siedlungsbildes in der Topographischen Karte 1 : 25 000. In: Allg. Verm. Nachr. 71, 1964, S. 433–436

JESCHOR, A. u. BLEIEL, K.-H.: Orientierung mit Karte und Luftbild. Regensburg 1989

KEATES, J. S.: Understanding Maps. London 1982

KEINATH, W.: Orts- und Flurnamen in Württemberg. Stuttgart 1951

KNOWLES, R. u. STOWE, P. W. E.: Europe in maps. Topographical map studies of Western Europe. Book One London 1969, Book Two London 1971

— —: North America in Maps. Topographical Map Studies of Canada and the USA. London 1976

— —: Western Europe in Maps. Topographical Map Studies. London 1982

KOSACK, H. P.: Bestimmung des Maßstabs einer Karte ohne Maßstabsangabe. In: Geogr. Taschenb. 1951/52, S. 408

KOST, W.: Die topographischen Karten im Dienste der Heimatkunde. In: Kartogr. Nachr. 8, 1958, S. 172–178

KRAUSE, K.: Das geographische Kausalprofil. In: Geogr. Anz. 28, 1927, S. 280–284

KRAUSS, G.: Die topographische Karte 1 : 25 000. In: Allg. Verm. Nachr. 1969, S. 2–12

—, BECK, W., APPELT, G. u. KNORR, H.: Die amtlichen topographischen Kartenwerke der Bundesrepublik Deutschland. Karlsruhe 1969

KRENZLIN, A.: Zur Frage der kartographischen Darstellung von Siedlungsformen. In: Ber. z. dt. Landeskunde 48, 1974, S. 81–95

Krüger, H.-J.: Die Generalisierung des Jungmoränenreliefs in der Topographischen Karte 1:25 000. In: Geodät. u. kartogr. Praxis 7, 1962, 11, S. 32–38
Lautensach, H.: Der geographische Formenwandel. Studien zur Landschaftssystematik. In: Coll. Geogr. Bd. 3, Bonn 1952
Lehmann, H.: Konstruktion von Blockdiagrammen. In: Geogr. Taschenb. 1951/52, S. 395–397
Leibbrand, W. (Hrsg.): Kartographie der Gegenwart in der Bundesrepublik Deutschland '84. Bielefeld 1984
Leser, H.: Geographisch-landeskundliche Erläuterungen der Topographischen Karte 1:100 000 des Raumordnungsverbandes Rhein-Neckar. Trier 1984
Liedtke, H., Scharf, G., Sperling, W.: Topographischer Atlas Rheinland-Pfalz. Neumünster 1973
–, Hepp, K.-H. u. Jentsch, C.: Das Saarland in Karte und Luftbild. Neumünster 1974
Linke, W.: Orientierung mit Karte und Kompaß. Herford ^{6}1992
Lobeck, A. K.: Things maps don't tell us. An adventure into map interpretation. New York 1964
Lockey, B.: The interpretation of Ordnance Survey Maps and geographical pictures. London 1975
Lohse, G.: Geschichte der Ortsnamen im östlichen Friesland. Bonn 1939
Louis, H.: Schneegrenze und Schneegrenzbestimmung. In: Geogr. Taschenb. 1954/55, S. 414–418
–: Über Kartenmaßstäbe und kartographische Darstellungsstufen der geographischen Wirklichkeit. In: Z. f. Verm. 81, 1956, Heft 7, S. 1–8
–: Die Karte als wissenschaftliche Ausdrucksform. In: Tagungsber. u. Abh., Wiesbaden 1958, S. 243–259
–: Über latente Aussageunsicherheiten in Karten und über Möglichkeiten ihrer Verringerung. In: Kartogr. Nachr. 15, 1965, S. 57–65
–: Bemerkungen über Kartenauswertung. In: Kartogr.Nachr. 31, 1981, S. 223–227
Maull, O.: Die Bedeutung der Grenzgürtelmethode für die Raumforschung. In: Z. f. Raumf. 1950, S. 236–242
Meine, K. H.: Grundzüge der Organisation, des Inhalts und der Gestaltung der amtlichen topographischen Kartenwerke in den Teilen Deutschlands von 1945 bis 1965. München 1968
Meux, A. H.: Reading topographical maps. London 1960
Meynen, E.: Erläuterungen zu kartographischen Begriffen. Kartenarten und Kartentypen. In: Geogr. Taschenb. 1949, S. 161–179
–: Flächendarstellung und Raster. In: Geogr. Taschenb. 1954/55, S. 427–430
Mietzner, H.: Die kartographische Darstellung des Geländes. Veröff. Dt. Geodät. Komm. Reihe C, H 42, 1964
Ministerium des Inneren (Hrsg.): Zeichenerklärung für die Topographischen Karten (Ausgabe für die Volkswirtschaft). Berlin (Ost) 1980
Ministry of Defence: Manual of Map Reading and Land Navigation. London 1988
Möbius, S.: Zur Verwendung der „Topographischen Lehrkarte 1:25 000" im Erdkundeunterricht. In: Z. f. d. Erdkundeunterr. 15, 1963, S. 206–212

MUEHRCKE, P.C.: Map Use. Reading, Analysis and Interpretation. Madison 1978

MÜLLER-MINY, H.: Die topographische Karte 1:50000 in der Erdkunde und im Erdkundeunterricht am Beispiel des Blattes Ahrweiler. In: Geogr. Zeitschr. 53, 1965, S. 171–187

–: Die Landschaftsdurchmusterung topographischer Karten am Beispiel der Blätter Gummersbach, Waldbröl und Bonn der Topographischen Karte 1:50000. In: Kartogr. Nachr. 17, 1967, S. 87–92

–: Geographisch-landeskundliche Erläuterungen zur Tranchot- v. Müfflingschen Kartenaufnahme der Rheinlande 1801–1828 – mit Bezug auf die heutigen Blätter der Topographischen Karte 1:25000. In: Nachr. a. d. Vermessungsdienst des Landes NRW, 10, 1977, S. 83–114

MÜLLER-WILLE, W.: Stadtkartographie und Siedlungsgeographie. In: Kartogr. Nachr. 14, 1964, S. 185–196

MUSTERBLATT für die topographische Karte 1:25000. Bad Godesberg ²1981

✗ –: für die topographische Karte 1:50000. Stuttgart ⁴1981

–: für die topographische Karte 1:100000. München 1980

–: für die topographische Karte 1:200000. Frankfurt ³1981

NIEMEIER, G.: Die Ortsnamen des Münsterlandes. Münster 1953

NITZ, H. J.: Zur Entstehung und Ausbreitung schachbrettartiger Grundrißformen ländlicher Siedlungen und Fluren. Göttingen 1972

OPPERMANN, E.: Einführung in die Kartenwerke der Königlich Preußischen Landesaufnahme nebst Winken für ihre Benutzung bei Wanderungen und ihre Verwertung im Unterricht. Hannover, Berlin 1906

OTTWEILER, G.: Die Kulturlandschaftsdurchmusterung topographischer Karten vom Standpunkt der Landesvermessung. In: Kartogr. Nachr. 17, 1967, S. 92–95

OVERBECK, H.: Die deutschen Ortsnamen und Mundarten in kulturgeographischer und kulturlandschaftsgeschichtlicher Beleuchtung. In: Erdkunde 11, 1957, S. 135–145

PASCHINGER, H.: Grundriß der Allgemeinen Kartenkunde. Innsbruck 1966

PICKLES, Th.: Map reading. With seven full-page extracts from Ordnance Survey maps with grid, conventional signs, forty-five line diagrams, and seven photographs. London 1961

PILLEWIZER, W.: Die Bedeutung der Karte für die Landschaftsforschung. In: Kartogr. Nachr. 18, 1968, S. 170–173

– u. BRUNNER, H.: Das Elbsandsteingebirge im Kartenbild. In: Geogr. Ber. 9, 1964, S. 1–21

PODLOUCKY, J.: Die klimatische Selektion des Geländes und ihre kartographische Darstellung. In: Mitt. Österr. Geogr. Ges. 112, 1970, S. 125–127

PROCTOR, N.: Using block diagrams in teaching geography. In: Geography 48, 1963, S. 393–398

RATAJSKI, L.: Loss and Gain of Information in Cartographic Communication. In: Festschr. f. E. Arnberger. Wien 1977, S. 217–227

REICHSAMT für Landesaufnahme (Hrsg.): Deutsche Landschaften in topographischen Aufnahmen 1:25000. 1. Deutsche Landschaften (K. KRAUSE), 2. Märkische

Landschaften (W. RATTHEY), 3. Schlesische Landschaften (K. OLBRICHT), 4. Rheinische Landschaften (P. ZEPP), 5. Landschaften Ostpreußens und der Freien Stadt Danzig (W. STUHLFATH), 6. Niedersächsische Landschaften (O. MURIS u. H. WAGNER), 7. Westfälische Landschaften (K. RÜSEWALD, W. SCHÄFER u. K. SCHMIDT), 8. Thüringische Landschaften (G. ZAHN, J. H. SCHULTZE u. F. KOERNER). Berlin 1923–1936

ROBINSON, A. H. W. u. WALLWORK, K. L.: Map Studies with related Field Excursions. London 1970

RUSSNER, J.: Lesen und Auswerten amtlicher Karten im Erdkundeunterricht höherer Schulen. In: Geogr. Anzeiger 44, 1943, S. 206–208

SALISBURY, R. D. u. ATWOOD, W. W.: The interpretation of topographic maps. Washington 1908

SALISTCHEW, K. A.: Methods of Map Use. Paper presented at the 8. Intern. Cart. Conf. Moskau 1976

SANDER, H.-I. u. WENZEL, A.: Karteninterpretation und -synopse in Schul- und Hochschulgeographie. In: Kartogr. Nachr. 25, 1975, S. 1–12

SCHICK, M.: Zur Methodik des Auswertens topographischer Karten. Veröff. Geogr. Inst. d. TH Darmstadt. Darmstadt 1974, ^{4}1985

SCHIELE, F.: Einführung in das Verständnis der Karte des Deutschen Reiches 1:100000. Stuttgart ^{2}1929

SCHMIDT, R. D.: Messungen auf der Karte. In: Geogr. Taschenb. 1949, S. 190–194

SCHMIDT, W.: Die Bodenbewachsung und ihre Darstellung in den topographischen Karten. In: Geodät. u. Kartogr. Praxis 6, 1961, 4, S. 25–27

SCHMITZ, H.: Grenzen und Möglichkeiten geographischer Karteninterpretation. In: Kartogr. Nachr. 23, 1973 S. 89–95

SCHNEIDER, H. J.: Die Gletschertypen. In: Geogr. Taschenb. 1962/63, S. 276–283

SCHNEIDER, S.: Luftbild und Luftbildinterpretation. Berlin, New York 1974

SCHNETZ, J.: Flurnamenkunde. In: Bayr. Heimatforsch. H. 5, München 1952

SCHOLZ, E.: Topographische Karten als Hilfsmittel für physisch-geographische Untersuchungen. In: Heyer, E. u.a.: Arbeitsmethoden in der physischen Geographie. Berlin 1968, S. 17–57

SCHRADER, E.: Die Landschaften Niedersachsens. Bau, Bild und Deutung der Landschaft. Ein topographischer Atlas. Hannover, 1955, ^{4}1970

SCHRÖDER, P.: Diagrammdarstellung in Stichworten. Unterägeri 1985

SCHULZ, G.: Der charakteristische Höhenlinienverlauf obsequenter und resequenter Täler im Bereich der Ausstrichslinien geologischer Schichten an Schichtkammhängen. In: Kartogr. Nachr. 24, 1974, S. 5–15

–: Lexikon zur Bestimmung der Geländeformen in Karten. (= Berliner geogr. Studien, 28). Berlin 1989

SCHUSTER, M.: Das geographische und geologische Blockbild. Eine Einführung in dessen Erzeichnung. Berlin 1954

SCHÜTTLER, A.: L 3718 Minden. Eine landeskundliche Blattbeschreibung zur Topographischen Karte 1:50000. In: Ber. z. dt. Landeskunde 36, 1966, S. 17–30

–, (Hrsg.): Topographischer Atlas Nordrhein-Westfalen. Düsseldorf 1968

SCHWARZ, E.: Deutsche Namensforschung. II Orts- und Flurnamen. Göttingen 1950

SEEDORF, H. H.: Topographischer Atlas Niedersachsen und Bremen. Neumünster 1977
SEELER, A.: Die Darstellung des Dünenreliefs in der Topographischen Karte. Mittbl. Verw. Verm. Kartw. 4, 1959, 12, S. 19–20
SPEAK, P. u. CARTER, A. H. C.: Map reading and interpretation. New edition with metric examples. London 1970
SPERLING, W.: Kartenlesen und Kartengebrauch im Unterricht. Eine Bibliographie. Nachrbl. Verm. u. Katasterverw. Rh.-Pf., 17. Jg., Sonderh., Koblenz 1974
–: Kartographische Didaktik und Kommunikation. In: Kartogr.Nachr. 32, 1982, S. 5–15
SPETHMANN, H.: Dynamische Länderkunde, Breslau 1928
X STURMFELS, W. u. BISCHOF, H.: Unsere Ortsnamen im Abc erklärt. Bonn 1961
X TESDORPF, J. C.: Ortsnamenkunde, ein wichtiges Hilfsmittel für landeskundliche Siedlungsforschung und Karteninterpretation. In: Mitt. d. geogr. Fachsch. Freiburg NF 1, 1969, S. 4–36
TOSCHINSKI, E.: Die Probleme der Generalisierung bei der kartographischen Bearbeitung der Topographischen Karte 1:50000. In: Nachrbl. Verm. u. Katasterverw. Rh.-Pf. 2, 1959, 2, S. 2–14
TRICART, K., ROCHEFORT, M. u. RIMBERT, S.: Initiation aux travaux pratiques de géographie (Commentaire des cartes). Paris ^{3}1965
TWIDALE, C. R. u. FOALE, M.: Landforms illustrated. Sydney 1970
UPTON, W. B.: Landforms and topographic maps. Illustrating landforms of the continental United States. New York 1970
VALENTIN, H.: Die Küsten der Erde. Beiträge zur allgemeinen und regionalen Küstenmorphologie. In: Peterm. Geogr. Mitt., Erg.-H. 246, ^{2}1954
VOSSELER, P.: Die Landschaften der Schweiz 1:25000 und 1:50000, 20 Blätter. Bern 1928
WAGNER, J.: Die Auswertung der Spezialkarte im erdkundlichen Unterricht. München, Berlin 1929
WALTER, F.: Landesforschung und Karte. Die topographische Karte als Forschungsquelle und als Kartierungsgrundlage. In: Kartogr. Nachr. 10, 1960, S. 107–112
WALTER, M.: Topographische Karte und Klassenausflug. In: Geogr. Anzeiger 9, 1908, S. 33–34 u. 55–58
–: Die Meßtischblätter und die Topographische Karte 1:25000 als Grundlage heimatkundlicher Studien. Gotha 1913–1914 (Nachdr. 1960)
–: Kartenlesen. In: Geogr. Zeitschr. 39, 1933, S. 476–483
–: Kartenlesen und Wehrgeographie. Eine praktische Einführung an Hand der Karte des Deutschen Reiches 1:100000 Blatt Landau in der Pfalz, Nr. 572. In: Peterm. Geogr. Mitt. 87, 1941, S. 369–374 u. 409–413
WEYGANDT, H.: Kartographische Ortsnamenskunde. Lahr 1955
WIESNER, K.-P.: Möglichkeiten der Interpretation der topographischen Karte Deutschland 1:50000, Serie M 745. In: Soldat und Technik 15, 1972, S. 82–85
WILHELMY, H.: Kartographie in Stichworten, I–III. Kiel 1966, ^{2}1972, ^{3}1975
WILHELMY, H., HÜTTERMANN, A. u. SCHRÖDER, P.: Kartographie in Stichworten. Unterägeri ^{5}1990

WILHELMY, H., BAUER, B., FISCHER, H. u. HAMAN-EMBLETON, CHR.: Geomorphologie in Stichworten. I Stuttgart ⁵1993, II Unterägeri ⁵1990. III Stuttgart ⁵1991

WITT, W.: Thematische Kartographie. Methoden und Probleme, Tendenzen und Aufgaben. Hannover 1970

–: Grenzlinien und Grenzgürtel. In: Grundsatzfragen der Kartographie, Wien 1970, S. 294–307

WOLF, K.-H. u. GROSS, L.: Karten- und Geländekunde für den Soldaten und den Unteroffizier. Berlin ²1969

WORTHINGTON, B. D. R. u. GRANT, R.: Techniques in Map Analysis. London 1975

WUNDERLICH, E.: Württemberg im Kartenbild 1:100 000. Teil I: Oberschwaben, Stuttgart 1927; Teil II: Die Schwäbische Alb, Stuttgart 1929; Teil III: Der württembergische Schwarzwald. Stuttgart 1931

ZIMMERMANN, G.: Einführung in das Meßtischblatt in einer 2. Klasse der Real-(Mittel-)Schule. In: Geogr. Rdsch. 2, 1950, S. 342–345

Sachregister

Halbfette Seitenzahlen beziehen sich auf Schwerpunkte der Abhandlung, kursive Seitenzahlen auf Abbildungen.

Almwirtschaft 115, *182*
Altmoränenlandschaft 52, **57f.**, 67
Altstadt 105, *107*, 108–110
Altwässer 48, *49*, 73
Analogieschluß 14, 15, 114
Analyse **13**, 38, **40ff.**, *125*, 127
–, Detail- 20
–, Element- 13, 20, **35f.**, 126
–, Komplex- 13, 20, **36f.**, 126
Asymmetrien 47, 51, 84
Ausgleichsküste 61, **64**
Auslieger **53**

Bebauungsdichte 105, *107*
Bergbau 103, **118f.**, *143*, 144
Bergwirtschaft 103
Beschriftung → Schrift
Bevölkerungsdichte 87, 93
Bewässerung 78, 79, 85
Blockdiagramm 51, **144ff.**, *146*
Böden 58, 63, **70f.**, 80, 82f., 115f.

City 105, *107*, 111f.
Conurbation 108, 110

Dolinen 33, 44, 59
Doppelhäuser 118
Drumlins 59
Dünen 33, 58, **64**, 65
Durchbruchsberge 48
Dynamische Länderkunde 14, **128**

Einwohnerzahl 32, **87f.**, 93, 108, 144
Elektrizität 119
Energie 78, **120**
Entwässerung 45, *63*, 71f., 78, 79, 85

Erbrecht 90
Erholung 78, 83, *143*, *180*
Exposition 65, 70, 84, 85, 86, 116

Fischerei 104, **117**
Fließrichtung 77
Flurbereinigung 102
Flurnamen 32, 69, 90, 115
Fluß **72ff.**, 87, 91, 119f.
– -Mündung 61, **65**
– -Schwinde 48, 59
Formenwandel **128**
Forstwirtschaft **116f.**
Fremdenverkehr 61, 79, 85, 103 **120f.**, 122, 123, *183*
Fremdenverkehrsorte 103

Gartenbau 115
Geest 58, *63*, 72
Geographische Lage 91f.
Gestein **66f.**, 72, 74, 76, 82
Gesteins-Lagerung 45, **66**
– -Untergrund 45, **66f.**
Gewässer 66, 71ff., **142**
Gewerbe 103, 108, **118**, 122
Gipfelflur 57
Gitternetz 29f.
Gitterwert 29f.
Gletscher 33, 52, 55f., 86, *179*
Gradnetz 29f.
Grenzen, politische 39, **90**
Grenzgürtel-Methode **37f.**
Grundriß 89, 104, 105, 108, 109, 119
–, Haus- 91, 118
–, Orts- 91, **99**
–, Straßen- 118
Grundwasser 68, 70, 73, 75, 76, 77, 78

Häfen 61, 64, 65, 91, 113, 117, 118, 119, 123, **124**

Hängetäler 51, 57
Halden 118, 119
Handel 91, 103, **118**, 122
Handskizze **133f.**
Hangneigung 33, 84
Heimatforschung 22
Heide 58, 70, **81f.**
Hilfsmittel 15, **133f.**
Höhlen 59
Hofformen 99

Industrie 83, 85, 89, 102, 103, 108, 118, **119f.**, 122, 123, 124, 144, *184*
– -Bedarf 78
– -Stadt 109, **110**
Informationen, primäre **15f.**, 21, 42, 140
–, sekundäre **15f.**, 35, 140
Interpretationsskizze **140ff.**, *143*

Jungmoränenlandschaft 52, **57f.**, 67

Kames 58
Kanäle 79, 124
Kare 56
Karst 53, **59f.**
Karten-Aufgliederung 20, **126f.**
– -Ausschnitt 14, 16, **20**, 27, 29, 37, 131
– -Lesen **31ff.**, 35, 40
Kirchlicher Besitz 93
Kliff 63, 64
Klima 68, 70, 71, 72, 73, 75, 80, 82, 83, **85ff.**, 116
„Kolonien" 118, *181*
Küstenformen **60ff.**
Kulturlandschaftsgeschichte **93f.**

Länderkundliches Schema 14, 43, **127**, 129
Lagerstätten **69**
Landesforschung 22
Landesherrliche Gründungen **109f.**
Landeskundliches Vorwissen 15, 21, 35
Landschaftsforschung 22
Landwirtschaft 89, **115f.**
Legende **31f.**
Löß 47, 49, 69, **70f.**

Maare 60, 75
Mäander 47, **48**, 52, 72, 74, 91
Marsch 58, *62*, 72, 99, 102, 115
Marschenküste **62f.**
Maßstab 16, **19f.**, 34, 38, 44, 47, 91, 127, 135
Meeresbuchten 61, **65**
Moore 58, 63, 70, 75, **80f.**, 85, 99, 121
Moränen 33, 56, 57, 58, 59, 75, *179*

Nadelabweichung 29
Neigungsmaßstab **33f.**
Neigungswinkel 47

Oberflächenformen 44, 142
Orientierung **27ff.**
Ortsnamen 20, 32, 69, 83, **94ff.**, 104f., **163f.**
Oser 58

Physiognomische Landschaftsanalyse 15, 21, 44
Profil, Gefüge- **140**
–, Kausal- **139f.**
–, Längs- 45, **47f.** 74, **137f.**
–, Quer- **45f.**, 47, **135ff.**

Quellen 59, 68, **76f.**

Quellhorizont 53f., 66, 68, 76, *77*

Raumanalyse 20
Raumgliederung **37ff.**, 125, 126, 131
Realteilung 90, 102
Rekultivierung 118
Religionszugehörigkeit 90
Rinnenseen 58, 75
Rumpfflächen-Landschaft **52f.**, *177*

Sander 58
Satellitenstadt 111
Schicht 53
– -Lagerung 47, 76
Schichtstufen 51, 66
– -Hang 142
– -Landschaft **49**, **51**, **53f.**, 66, 135, *178*
Schneegrenze **56**, 84, 85, 86
Schrift **32**, 42, 69, 82, 87, *88*, 95, 105, 111, 118, 142
Schwemmfächer 48, 52, 91
Seen **74f.**, 78, 86, 117, 120, 121
Siedlung 61, 83, 85, 87, 89, 91ff., 143, 144
Siedlungs-Dichte 49, 87, 93, 116
– -Geschichte 163f.
– -Namen 90
– -Weise **99**
Sietland 63
Sölle 58, **59**, 75
Sonderkulturen 85f., 90 **115f.**, 118, 119
Stadtteile 92, 108, 122
Städte, gegründete **108ff.**
–, Industrieviertel 111–112, 181
–, Trabanten- **111**, *180*
–, ungeplante **109**
–, Viertel-Bildung 89, 90, 91, 112
–, Wohnviertel 112, *180*, *181*
Steinbrüche 60, 68, 89, 118

Synthese **13**, 35, 38, 126

Tal 68
Talanzapfung 49–51, 53, 178
Talformen **44ff.**, 53, 71
Tektonik 45, 47, **66**, 76
Tektonische Leitlinien 49
Terrassen 47, 66
Topographische Lage 91, 104f.
Toteisseen 59, 75

Überhöhung 135, 136
Umlaufberge *48*, 74
Umlauftäler 47

Vegetation 66, 70, **80ff.**, 85, 86, 87, 142
Verkehr 61, 78, 79, 83, 87, 91, 104, 119, **121ff.**, *123*
Verkehrsnetz 118
Verkehrswege 144
Vulkanismus **60**, 66, 69, 71

Warften (Wurten) **63**, 93, 102
Wasser 70
– -Nutzung **78f.**
Wasserfälle 48, 52, 74
Wasserscheiden **77f.**
Watt 62
Wattenküste **62f.**
Wattenmeer **62**, 95, 104
Weiße Flächen 115
Wirtschaft 61, 70, 83, 85, 87, 91, **114ff.**
Wohnfunktion 112
Wüstungen **95f.**, 108, 109

Zahlen-Angaben **32f.**
Zentrale Orte 91, **104**, 105, 118
Zentralität 91, **104**, 105
Zeugenberge **53**, 178

Hinweise zu den Kartenseiten

Karte 1: Rumpfflächen auf Zwischentalriedeln
Auf dem Riedel zwischen Gosebach (W) und Wintertal (O) lassen sich Reste von Rumpfflächen in verschiedenen Niveaus (Rumpftreppe) erkennen. Von N nach S: ca. 630 m (beim Herzberg), ca. 670 m (beim Großen Schleifsteinberg), ca. 730 m, ca. 760 m (bei Schalke).

Karte 2: Schichtstufenlandschaft mit Zeugenberg und Talanzapfung
Vor der Stufe (ca. 900–910 m Höhe) liegt der Zoller (855 m) als Zeugenberg. Gut zu erkennen ist die typische Hangausprägung (oben steil, unten sanfter) der Schichtstufenlandschaft, auch am Zeugenberg, wo zudem die schichtenbedingte Treppung des Hanges wiederkehrt (im NO, Schrift Burg Hohenzollern).

Karte 3: Talgletscher mit Moränenmaterial
Roseg- und Vadret-Gletscher bilden ausgeprägte Zungengletscher, die aus dem Nährgebiet ins Zehrgebiet hineinfließen. Im Bereich des Zusammenflusses (Konvergenz) sind im Zährgebiet Obermoränen (Mittelmoränen) zu erkennen.

Karte 4: Trabantenstadt
Die Trabantenstadt weist charakteristische Merkmale auf: Größe und Gestalt der Hausgrundrisse lassen auf Hochhäuser sowie randlich auf Reihenhäuser schließen; die Ausrichtung der Häuser geschieht nicht nach den Straßenführungen, sondern v. a. nach der Besonnung; das Ringstraßensystem wird ergänzt durch Sackgassen- und Erschließungsstraßen.

Karte 5: Gehobene Wohnviertel im Naherholungsbereich
Lage am Waldrand (Botanischer Garten) bzw. im Wald (Tierpark, Witzberg), Dichte der Bebauung, Hausgröße und Hausgrundrisse lassen auf „Villenviertel" schließen.

Karte 6: Industriearbeiterviertel neben Hüttenwerk
Die unmittelbare Nachbarschaft zu einem Stahlwerk („Schornsteine", Gleisanschlüsse, Gebäudegröße und -form), die zeilenförmige Bebauung an schematischen Straßenzügen deuten auf ein Arbeiterviertel aus dem Beginn des Jahrhunderts.

Karte 7: Zechensiedlung (Kolonie)
Planmäßiger Straßengrundriß, Hausgrundrisse (Doppelhäuser mit rückwärtigem, gemeinsamem Anbau), Gartenanlagen sowie Nähe zur Zeche („Scht.", „Z. Rheinhausen") charakterisieren die Zechen-Kolonie Hochheide.

Karte 8: Almwirtschaft im Lötschental
Die Weiler im Tal (ca. 1400 m hoch) werden ergänzt durch Streu- und Gruppensiedlungen ca. 2100 m Höhe; verbunden sind sie durch serpentinenartig geführte Wege und Straßen.

Karte 9: Fremdenverkehr
Wanderwege, Lifte, Hotels, Skihütten auf der Gerolsplatte weisen das Gebiet als touristisch genutzt aus.

Karte 10: Industrieansiedlungen an der Rheinfront
Zu beiden Seiten des Rheins, durch Anlegestellen mit ihm verbunden, befinden sich Stahlwerke und eine Kupferhütte (typische großflächige Gebäude, Lagerflächen, Gleisanschlüsse, Schornsteine).

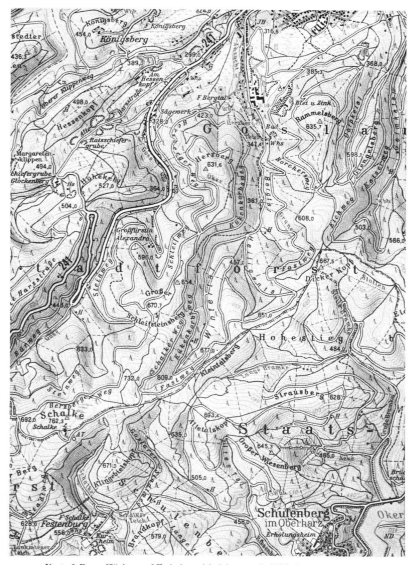

Karte 1 Rumpfflächen auf Zwischentalriedeln; aus: L 4128 Goslar, 1:50 000

Karte 2 Schichtstufenlandschaft mit Zeugenberg und Talanzapfung;
aus: L 7718 Balingen, 1 : 50 000

Karte 3 Talgletscher mit Moränenmaterial;
aus: 268 Julierpaß (Schweiz), 1 : 50 000

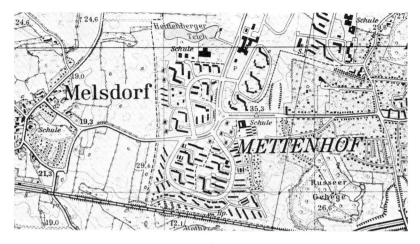

Karte 4 Trabantenstadt (dormitory town); aus: 1626 Kiel, 1 : 25 000

Karte 5 Gehobenes Wohnviertel im Naherholungsbereich; aus: 4506 Duisburg, 1 : 25 000

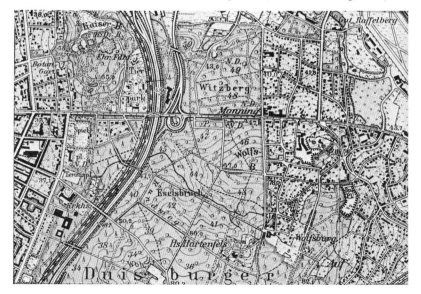

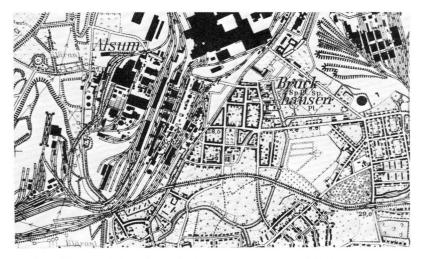

Karte 6 Industriearbeiterwohnviertel neben Hüttenwerk; aus: 4506 Duisburg, 1:25 000

Karte 7 Zechensiedlung (Kolonie); aus: 4506 Duisburg, 1:25 000

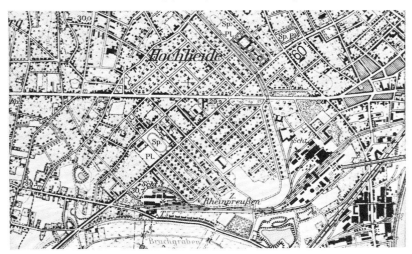

Karte 8 Almwirtschaft im Lötschental; aus: 264 Jungfrau (Schweiz) 1:50 000

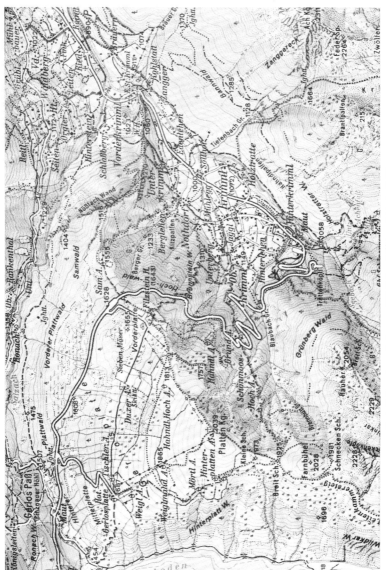

Karte 9 Fremdenverkehr; aus: 151 Krimml (Österreich), 1:50000

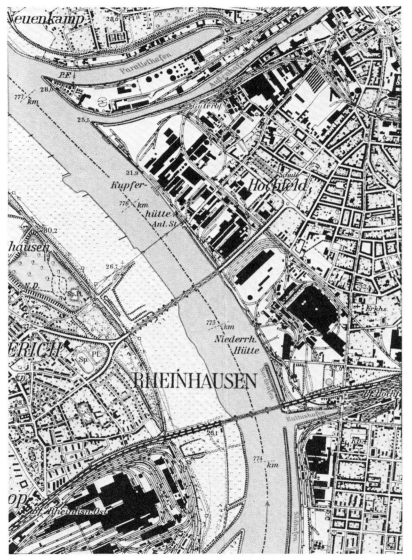

Karte 10 Industrieansiedlungen an der Rheinfront; aus: 4506 Duisburg, 1 : 25 000